高等教育
计算机类课程规划教材

新世纪

C语言程序设计
随堂实训及上机指导

主编 邱建华
副主编 李迎秋 熊耀华
刘海良 温艳冬

配有
"十一五"国家
重点电子出版物
出版规划
项目光盘

大连理工大学出版社
东软电子出版社

图书在版编目(CIP)数据

C语言程序设计随堂实训及上机指导 / 邱建华主编.
大连：大连理工大学出版社，2011.10
新世纪高等教育计算机类课程规划教材
ISBN 978-7-5611-6240-8

Ⅰ. ①C… Ⅱ. ①邱… Ⅲ. ①
C语言－程序设计－高等学校－教学参考资料 Ⅳ.
①TP312

中国版本图书馆 CIP 数据核字(2011)第 093270 号

大连理工大学出版社出版
东软电子出版社出版
地址:大连市软件园路 80 号   邮政编码:116023
发行:0411-84708842   邮购:0411-84703636   传真:0411-84701466
E-mail:dutp@dutp.cn   URL:http://www.dutp.cn
大连美跃彩色印刷有限公司印刷   大连理工大学出版社发行

幅面尺寸:185mm×260mm   印张:13.75   字数:311 千字
印数:1～3000   附件:光盘一张
2011 年 10 月第 1 版   2011 年 10 月第 1 次印刷

责任编辑:潘弘喆 李淑梅   责任校对:王 冲
封面设计:张 莹

ISBN 978-7-5611-6240-8   定 价:32.00 元

前　言

初学 C 语言程序设计的人都有这样一个体会:看别人编写好的程序,看得挺明白,觉得挺容易,但是一旦自己动手编写一个程序,哪怕是比较简单的,也会感觉无从下手。初学者有这种感觉是很正常的,这是因为 C 语言程序设计是一门实践性很强的课程,只懂理论是无法真正学会 C 语言程序设计的。

想真正学会 C 语言程序设计,要抓住两个关键:一是在学习了基础理论知识后,多做习题,尤其是多动手编写相关知识的小程序;二是多上机操作,这一点尤为重要。程序写在纸上,我们并不知道它是否能够执行,是否能够得到正确的运行结果,最好的办法就是到计算机上去试一试,验证一下。如果我们得不到预期的运行结果,就需要不断地调试,直到达到预期为止。在调试过程中,我们能够更好地理解 C 语言的一些细节问题,从而在以后的编程中注意这些问题。

为此,我们编写了这本随堂实训及上机指导教程,目的是为了让广大读者在学习了基础知识后,有更多的机会去编写相关的程序。为了让读者对 C 语言的每个知识模块都有整体的认识,在本书的第二部分,我们精心编写了八套实验编程题,以便读者能够更全面地掌握相关知识模块。同时,为了方便读者对 C 程序进行调试,本书对在 VC 集成开发环境下进行 C 程序开发做了较详细的介绍,希望帮助读者快速掌握在 VC 环境下对 C 程序进行调试的方法。

本书的主要内容分为三个部分:第一部分为"C 语言程序设计随堂实训",是对主教材中的主要知识点进行示例讲授,然后给出程序设计题目让读者进行练习;第二部分为"C 语言程序设计上机指导",介绍了 C 语言程序设计的一般步骤及上机调试方法,并精心编写了八套实验题,使读者可以对第一部分所述的各知识模块进行较综合的实验(上机)练习;第三部分为"VC 使用指南",介绍了 Visual C++ 6.0 的安装、主要界面以及 VC 环境下 C 程序的调试过程。另外,在附录中还给出了 VC 项目文件说明,在附带的光盘中给出了书中程序的源代码。

本书由邱建华任主编,李迎秋、熊耀华、刘海良、温艳冬任副主编。其中邱建华负责第 1 章、第 9 章和第 10 章,李迎秋负责第 3 章和第 5 章,熊耀华负责第 2 章和第 6 章,刘海良负责第 8 章和第 11 章,温艳冬负责第 4 章和第 7 章。全书由邱建华统稿。

在编写本书的过程中,巫家敏博士对我们进行了指导并给了许多宝贵意见,在此表示真挚的感谢。在光盘的制作中,得到了大连东软信息学院乔婧老师和张晓箐老师的大力支持和帮助,在此表示衷心的感谢。同时大连理工大学出版社的老师们为本书的出版也提供了许多帮助,在此一并表示感谢。

限于编者水平有限,书中难免存在一些错误和疏漏,希望广大读者批评和指正。

所有意见和建议请发往:dutpbk@163.com

欢迎访问我们的网站:http://www.dutpgz.cn

联系电话:0411-84707492　84706104

编　者

2011 年 8 月

于东软信息学院

目　录

课程设计

本课程按照知识点的难易程度,划分为以下几个知识模块:

课程内容

初级能力模块

C 语言的基本知识点,包括:

子模块 1.1 C 语言概述

C 语言基本特点、C 程序基本结构、调试工具的使用等。

子模块 1.2 数据类型及其输入/输出

C 语言的基本数据类型、printf 函数和 scanf 函数的使用、字符输入输出函数的使用。

子模块 1.3 运算符和表达式

算术运算符、赋值运算符、自增/自减运算符、关系运算符、逻辑运算符、逗号运算符等。

子模块 1.4 顺序结构程序设计

结构化程序设计的一般方法、顺序结构程序设计的思路。

中级能力模块

子模块 2.1 选择结构程序设计

几种不同的选择结构(if 语句、if-else 语句、if-else-if 语句、switch 语句)的灵活使用。

子模块 2.2 循环结构程序设计

循环的四要素、while 语句、do-while 语句、for 语句、break 和 continue 语句、循环嵌套。

子模块 2.3 数组

数组的概念、一维数组、字符数组、二维数组、排序(选择法)。

高级能力模块

子模块 3.1 **函数**

函数概念、函数定义、声明、调用、无参函数、函数参数的传递、递归调用、变量的类别及作用域。

子模块 3.2 **指针**

指针的概念、指针的定义及引用方法、指针作为函数参数的使用方法。

子模块 3.3 **结构体和预处理命令**

简单的预处理命令的意义及其使用、结构体的意义、定义结构体、结构体的使用、链表。

子模块 3.4 **文件**

文件的概念、ASCII 文件的打开与关闭、文件的读写操作、文件的定位操作。

课程概述

1972 年,美国人 Dennis Ritchie 设计发明了 C 语言,并首次在 UNIX 操作系统的 DECPDP-11 计算机上使用。它是由早期的编程语言 BCPL(Basic Combind Programming Language) 发展演变而来的。1970 年,AT&T 贝尔实验室的 Ken Thompson 根据 BCPL 语言设计出较先进的语言,取名为 B 语言。在 B 语言的基础上,又经过一番改进,最终 C 语言问世。随着微型计算机的日益普及,出现了许多 C 语言版本。由于没有统一的标准,使得这些 C 语言之间出现了一些不一致的地方。为了改变这种情况,美国国家标准研究所(ANSI)为 C 语言制定了一套 ANSI 标准,成为现行的 C 语言标准。

一种语言之所以有生命力,能存在和发展,是因为它有与其他语言不同(或优越)之处。

一、C 语言的主要特点

1.简洁紧凑,灵活方便。C 语言一共只有 32 个关键字,9 种控制语句,程序书写自由,主要用小写字母表示。它把高级语言的基本结构和语句与低级语言的实用性结合起来。C 语言可以像汇编语言一样对位、字节和地址进行操作,而这三者是计算机最基本的工作单元。

2. 运算符丰富。C 语言的运算符包含的范围很广,共有 34 个运算符。C 语言把括号、赋值、强制类型转换等都作为运算符处理。从而使其运算类型丰富,表达式类型多样化,灵活使用各种运算符可以实现在其他高级语言中难以实现的运算。

3. 数据结构丰富。C 语言的数据类型有整型、实型、字符型、数组类型、指针类型、结构体类型、共用体类型等,能用来实现各种复杂的数据类型的运算。同时引入了指针的概念,使程序效率更高。另外,C 语言具有强大的图形功能,支持多种显示器和驱动器。而且计算功能、逻辑判断功能强大。

4. C 语言是结构式语言。结构式语言的显著特点是代码及数据的分隔化,即程序的各个部分除了必要的信息交流外彼此独立。这种结构化方式可使程序层次清晰,便于使用、维护以及调试。C 语言是以函数的形式提供给用户的,这些函数可方便地调用,并具有多种循环、条件语句控制程序流向,从而使程序完全结构化。

5. C 语言语法限制不太严格,程序设计自由度较大。一般的高级语言语法检查比较严格,几乎能够检查出所有的语法错误。而 C 语言允许程序编写者有较大的自由度。

6. C 语言允许直接访问物理地址,可以直接对硬件进行操作。C 语言既具有高级语言的功能,又具有低级语言的许多功能,能够像汇编语言一样对位、字节和地址进行操作,而这三者是计算机最基本的工作单元,可以用来写系统软件。

7. C 语言程序生成代码质量高,程序执行效率高。一般只比汇编程序生成的目标代码效率低 10%～20%。

8. C 语言适用范围大,可移植性好。C 语言有一个突出的优点,就是适合于多种操作系统,如 DOS、UNIX、Windows 等,也适用于多种机型。

二、C 语言的常用编译软件

C 语言常用的编译软件有 Microsoft Visual C++, Watcom C++, Borland C++, Borland C++ Builder, Borland C++ 3.1 for DOS, Watcom C++ 11.0 for DOS, GNU DJGPP C++, Lccwin32 C Compiler 3.1, Microsoft C, High C 等等。

三、怎样学好 C 语言

C 语言是计算机系列课程中的一门专业基础课。现在我们通常一方面把它当成一门计算机程序设计课程来学习,另一方面还要通过这门课程初步掌握怎样进行程序设计,即培养一定的程序设计思维能力。

学好 C 语言要注意以下几个方面:

1. 把它当成一门普通的自然语言来进行学习。因为 C 语言与自然语言类似,也有很多语法,这些都是固定的东西,是需要我们在理解的基础上掌握的。

2. 要快速地转换成计算机的解题思维,用计算机的解题思路来进行各种不同类型题的解答。

3. 多动手实践。C 语言是一门实践性很强的课程,初学者不能只听老师讲课而不去动手实践。这就像我们学习英语一样,如果只是上课听讲,下课不背单词或进行口语训练,那么学多少年也不会说出一口流利的英语。

　　C语言初学者在听完一堂课后,对课堂上所讲的知识点要有针对性地进行动手编程,并到计算机上运行和调试。只有通过不断地上机操作,才能更好地领会C语言的一些细节,才能更好地掌握C语言。

　　4.多分析程序。C语言除了对实践要求很高外,还需要我们借鉴他人的一些好的程序。通过多阅读和分析这些程序,开阔我们的视野,掌握多种不同的编程方法,从而更灵活地应用C语言分析和解决问题。

　　希望读者在学习的过程中,不断地总结出更适合自己的学习C语言的方法,不断地提高自己的编程水平。

知识关联

　　下图展示了C语言各知识模块之间的关联。

　　图中,连接线的箭头指向表示后续知识模块对前面的知识模块的依赖关系。即箭头所在一端的知识模块是以指向它的知识模块为基础的。

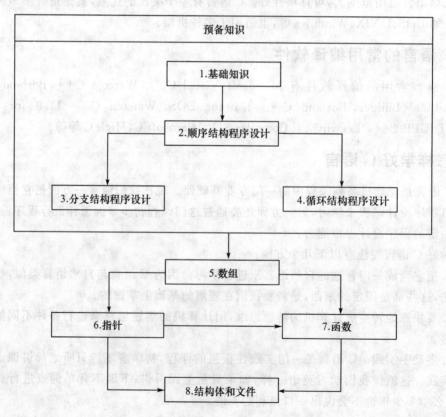

第一部分
C 语言程序设计随堂实训

第1章 C 语言基础知识

本章知识要点：

    1. C 语言概述；

    2. 各种数据类型的变量与常量；

    3. 运算符和表达式。

1.1 C 语言概述

本节知识要点：

    1. 了解 C 语言的发展历史及其特点；

    2. 掌握 C 程序的基本形式；

    3. 掌握 C 程序的执行过程。

【例 1.1】 编写一个完整的 C 语言程序示例，求 a,b,c 三个整数的和。

程序如下：

```
# include <stdio.h>                    包含头文件
int add(int x, int y, int z);          函数原型说明
main( )                                主函数首部
{                                      主函数的声明部分
    int a, b, c, sum;
    a = 10;
    b = 7;
    c = 11;                            主函数的语句部分
    sum = add(a, b, c);
    printf("sum = % d\n", sum);
}

int add(int x, int y, int z)          add 函数首部
{                                      add 函数的声明部分

    int s;
    s = x + y + z;                     add 函数的语句部分
    return s;

}
```

程序的运行结果是：

sum = 28

上例所示程序的执行过程如图 1-1 所示。

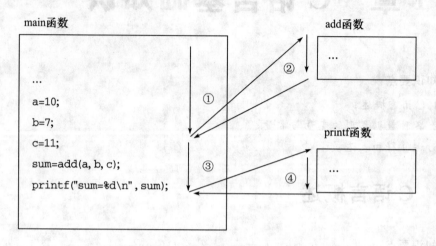

图 1-1　例 1.1 程序的执行过程

【随堂实训 1.1】　分析下面程序,并画出其程序执行过程图。

程序如下：

```c
#include <stdio.h>
int maxnum(int x, int y);
main( )
{
    int a, b, c;
    a = 15;
    b = 20;
    c = maxnum(a, b);
    printf("The max number is: %d\n", c);
}
int maxnum(int x, int y)
{
    int z;
    if (x >= y) z = x;
    else    z = y;
    return z;
}
```

1.2　简单 C 程序与上机步骤

本节知识要点：

1. 熟悉简单的 C 程序；
2. 了解 C 程序的开发过程；
3. 熟练掌握 VC 集成开发环境下 C 程序的上机步骤。

1.2.1　简单 C 程序

【例 1.2】　编写程序，在屏幕上输出句子"让我们一起学习 C 语言。"。
程序如下：

```
/*本程序在屏幕上输出"让我们一起学习C语言。"*/
#include <stdio.h>
main( )
{
    printf("让我们一起学习C语言。\n");
}
```

【程序说明】

(1) 在 Visual C++ 6.0 环境下，C 程序必须在文件的开头包含头文件：

　　#include <stdio.h>

(2) 每个 C 程序必须包含且只能包含一个主函数 main。

(3) 函数体必须由一对花括号"{}"括起来。

(4) 函数都是由语句构成，每条语句必须用"；"结束。

(5) C 程序区分字母的大小写。

(6) /*　*/之间的内容为注释。

【随堂实训 1.2】　按要求编写下列 C 程序。

(1) 编写一个小程序，分别在两行上输出两个句子："让我们一起学习 C 语言"，"C 语言的功能很强大"，并将程序保存到文件 exec1_2_1.c 中。

(2) 编写一个小程序，在一行上输出自己的姓名和性别，如"张三　　男"，并将程序保存到文件 exec1_2_2.c 中。

(3) 编写一个小程序，在屏幕上输出一座由"*"组成的金字塔，只输出 5 层，并将程序保存到文件 exec1_2_3.c 中。

(4) 编写一个小程序，在屏幕上输出一个由"*"组成的大写字母 L，并将程序保存到文件 exec1_2_4.c 中。

(5) 编写程序，在屏幕上输出自己的各项信息（每行输出一项信息）：学号、姓名、性别、年龄、班级、寝室、电话等，并将程序保存到文件 exec1_2_5.c 中。

(6) 在屏幕上输出如下图形状的菜单，并将程序保存到文件 exec1_2_6.c 中。

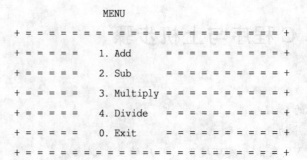

```
                        MENU
+ = = = = = = = = = = = = = = = = = = = = = = = = +
+ = = = = =     1. Add        = = = = = = = = =  +
+ = = = = =     2. Sub        = = = = = = = = =  +
+ = = = = =     3. Multiply   = = = = = = = = =  +
+ = = = = =     4. Divide     = = = = = = = = =  +
+ = = = = =     0. Exit       = = = = = = = = =  +
+ = = = = = = = = = = = = = = = = = = = = = = = = +
```

1.2.2　上机步骤

1.C 程序的编辑、编译、链接和运行过程

C 程序的编辑、编译、链接和运行过程如图 1-2 所示。

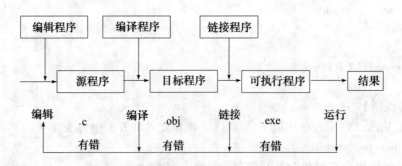

图 1-2　C 程序的编辑、编译、链接和运行过程

2.VC 集成开发环境下 C 程序的上机步骤

下面用例 1.2 说明在 VC 集成开发环境下 C 程序的上机步骤。

第一步:安装 Visual C++ 6.0。安装过程与其他软件在 Windows 下的安装过程类似,在此不再赘述。如果已经安装,则跳过此步。

第二步:启动 Visual C++ 6.0,进入集成开发环境。选择"开始"→"所有程序"→"Microsoft Visual Studio 6.0"→"Microsoft Visual C++ 6.0"即可进入到 VC 的集成开发环境中。

第三步:创建源程序。选择"File"→"New",在弹出来的对话框中选择"Files"页面;再按下列提示进行操作:①在对话框左侧的列表中选择"C++ Source File";②在右侧的"File"文本框中输入一个文件名,如 exec1_2.c(注意:每个 C 程序的文件名可以自由确定,但其后必须加上文件扩展名.c);③在"Location"文本框中输入一个路径(或单击右侧的按钮选择一个路径),以保存 exec1_2.c 文件。所有操作完成后,界面如图 1-3 所示。

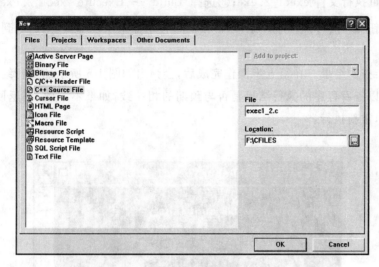

图 1-3　VC 的新建源文件对话框

然后单击"OK"按钮,进入第四步。

第四步:编辑源程序。界面如图 1-4 所示。①在编辑窗格中输入 C 语言源程序;②选择"File"→"Save"命令,或单击"保存"按钮 ![保存图标],将源程序保存到 exec1_2.c 中。

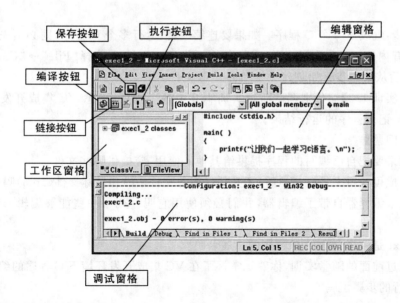

图 1-4　VC 环境下 C 程序的编辑、编译、链接、执行

第五步:执行 C 程序。①选择"Build"→"Compile"命令,或单击"编译"按钮 ![编译图标],编译 exec1_2.c 文件,得到 exec1_2.obj 文件;②选择"Build"→"Build"命令,或单击"链接"按

钮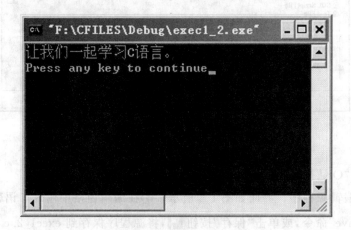，生成可执行文件 exec1_2.exe；③选择"Build"→"Execute exec1_2.exe"命令，或单击"执行"按钮，执行该程序。编译、链接的过程中如果出现错误，则返回到第四步修改源程序。

第六步：查看结果。在第五步操作完成后，会弹出如图 1-5 所示的执行结果窗口。在该窗口中可以查看程序的执行结果是否与预期的相一致，如果不一致，将返回到第四步，修改源程序，重新执行。

图 1-5　查看执行结果

第七步：继续下一个 C 程序。如果要连续编辑、运行多个 C 程序，则必须先关闭当前程序的所有内容，即要关闭当前 C 程序的工作区。方法为选择"File"→"Close Workspace"，然后从第三步开始创建一个新的.c 源文件。

【随堂实训 1.3】　分别调试随堂实训 1.2 中各个程序，熟悉 VC 集成开发环境的使用，并观察、记录程序的运行结果。

【相关问题】

(1)如果要把自己编写的程序提供给其他人使用，应提供哪些文件？

(2)生成可执行文件(.exe)后，还必须保留源文件(.c)和目标文件(.obj)吗？

(3)如果编译器自带了编辑器，我们必须使用它吗？列举一些能够编辑 C 程序的编辑工具。

(4).txt 是一个合法的 C 程序的扩展名吗？

(5)通过前面的随堂实训，你熟练掌握了在 VC 集成开发环境下 C 程序的编辑、编译、链接和执行的步骤了吗？

1.3　数据类型及常量与变量

本节知识要点：

　　1.了解 C 语言里常用的三种基本数据类型（整型、浮点型、字符型）；

　　2.掌握常量的概念及符号常量的使用方法；

　　3.掌握变量的概念及变量的使用方法。

1.3.1　数据类型

　　【随堂实训 1.4】　编写一个小程序，验证当数据类型不一样时，程序运行结果的变化情况，并将程序保存到文件 exec1_4.c 中。

　　程序如下：

```
# include <stdio.h>
main( )
{
    int a, b;
    a = 15.5;
    b = 10;
    printf("a = % d, b = % d\n", a, b);
}
```

　　程序的运行结果是：

```
a = 15, b = 10
```

　　【想一想】　为什么运行结果中的 a 的值不是 15.5，而变成了 15？如果修改其声明为 "float a;"，程序的运行结果又如何？

1.3.2　常量的概念及符号常量的使用

　　常量：其值在程序的执行过程中固定不变的量。

　　【随堂实训 1.5】　编写一个小程序，熟悉使用符号常量的方法。程序功能：从键盘输入一个数值，求以该值为半径的圆的周长、面积，及以该值为半径的球的体积。将程序保存到文件 exec1_5_1.c 中。

　　程序如下：

```
# include <stdio.h>
# define PI 3.1415926
main( )
{
    float radius, perimeter, area, volume;
    printf("Please input a radius:\n");
```

```
        scanf(" % f", &radius);
        perimeter = 2 * PI * radius;
        area = PI * radius * radius;
        volume = 4 * PI * radius * radius * radius/3;
        printf("the radius is : % f\n", radius);
        printf("the perimeter is : % f\n", perimeter);
        printf("the area is : % f\n", area);
        printf("the volume is : % f\n", volume);
}
```

【举一反三】 编写一个小程序,从键盘输入内外径的值,用符号常量来求图 1-6 中阴影部分的面积。将程序保存到文件 exec1_5_2.c 中。

图 1-6   圆环

1.3.3   整型、实型和字符型常量与变量

1.整型常量与变量

输出整型数据的三种格式转换符:

%d——十进制整型数据

%o——八进制整型数据

%x——十六进制整型数据

【随堂实训 1.6】

(1)编写程序,定义两个整型变量,并对它们进行初始化,然后将这两个变量的值输出到屏幕上。将程序保存到文件 exec1_6_1.c 中。

(2)编写程序,从键盘接收一个整数赋给整型常量 a,并分别按十进制、八进制、十六进制形式输出。将程序保存到文件 exec1_6_2.c 中。

(3)编写程序,验证整型变量溢出的情形(VC 环境下)。将程序保存到 exec1_6_3.c 中。程序如下:

```
# include <stdio.h>
main( )
{
    int a, b;
    a = 2147483647;
    b = a + 1;
```

```
    printf("a = % d, b = % d\n", a, b);

    a = - 2147483648;
    b = a - 1;
    printf("a = % d, b = % d\n", a, b);
}
```

【想一想】　为什么得出的 b 值与我们的预期是不一样的?

(4)编写程序,熟悉使用整型数据的输入与输出。重点理解 scanf、printf 函数的格式转换符及格式控制字符串的意义。将程序保存到文件 exec1_6_4.c 中。

程序功能:从键盘接收三个整型数据,并按以下方式输出到屏幕上:①将三个整数在一行上输出;②将三个整数分三行输出。

2.实型常量与变量

实型数据分为单精度(float)和双精度(double)。

float 的有效位数为 6~7 位,double 的有效位数为 15~16 位。

输出实型数据的三种格式转换符:

%f——单精度数据;

%lf——双精度数据;

%e——指数形式的实型数据。

【随堂实训 1.7】

(1)编写程序,用三种不同的格式来输出一个实型数据。将程序保存到文件 exec1_7_1.c 中。请认真观察程序的运行结果,仔细体会三种格式输出的不同。

程序如下:

```
# include <stdio.h>
main( )
{
    float a = 1234567890.1234567890123456789;
    double b = 1234567890.1234567890123456789;
    printf(" % f % lf % e\n", a, b, b);
}
```

(2)编写程序,熟悉实型数据的输入与输出。从键盘输入一个 float 型数据和一个 double 型数据,并分别输出。将程序保存到文件 exec1_7_2.c 中。

3.字符型常量与变量

字符型常量:用一对单引号括起来的单个字符,如 'a'、'b'、'7'、'\n'、'\t' 等。每个字符常量可以用一个 ASCII 码值来表示,如 'a' 的 ASCII 码值为 97。

输出字符型变量的格式转换符:

%c——输入或输出单个字符。

【随堂实训 1.8】

(1)用不同的形式输出下列字符型常量。请认真分析以下程序的运行结果,并上机调试该程序,验证你的分析。将程序保存到文件 exec1_8_1.c 中。

程序如下:

```
# include <stdio.h>
main( )
{
    printf("%c——%d, %c——%d\n", '0', '0', '9', '9');
    printf("%c——%d, %c——%d\n", 'a', 'a', 'z', 'z');
    printf("%c——%d, %c——%d\n", 'A', 'A', 'Z', 'Z');
    printf("%c\t%c\t%c\t%c\n", 'a', 'b', 'c', 'd');
    printf("\"I like C Language\"");
    printf("%c    %c\n", 1, 15);
}
```

【举一反三】 想一想,如果要在屏幕上输出单引号"'"、反斜杠"\",应该怎样输出?

(2)编写程序,实现字符型变量的定义、赋值和输出。程序功能:定义若干字符型变量,并进行以下操作:①将整数73赋给第一个变量;②将字符 'd' 赋给第二个变量;③将字符 '\n' 赋给第三个变量;④将字符 '4' 赋给第四个变量;⑤将第2个变量和第4个变量的值(即 'd' 和 '4')相加,并赋给第五个变量;⑥分别在五行上输出上述五个变量的值,各变量的输出形式为"%c——%d"。将程序保存到文件 exec1_8_2.c 中。

(3)修改 exec1_8_2.c 文件,将程序赋值操作改为从键盘输入各个变量的值,要求有相应的提示信息来保证正确的输入。将程序保存到文件 exec1_8_3.c 中。

(4)练习使用字符函数 getchar() 和 putchar()。编写程序,从键盘输入三个字符,并将它们输出到屏幕上。将程序保存到文件 exec1_8_4.c 中。

1.4 运算符和表达式

本节知识要点:

1. 了解表达式的概念;
2. 掌握算术运算符和表达式;
3. 掌握赋值运算符和表达式;
4. 掌握逗号运算符和表达式;
5. 掌握自加、自减运算符。

1.4.1 算术运算符和表达式

算术运算符有:+(加法)、−(减法)、*(乘法)、/(除法)、%(求余)。

*、/、%运算符的优先级高于+、−运算符。

/运算符:分整数除法和实数除法两种。

%运算符:要求运算符两端的操作数都必须是整型数据。

【随堂实训 1.9】

(1)认真分析下面程序的运行结果,然后上机调试,看看与我们的分析是否一致。将程序保存到文件 exec1_9_1.c 中。

```
#include <stdio.h>
main()
{
    int a = 3, b = 7, c;
    c = b % a;
    printf("c = %d, b/a = %f\n", c, b/a);
    printf("%f, %f\n", 1.0 * b/a, b/(1.0 * a));
}
```

【提示】　注意实数除法和整数除法的区别。

(2)求下面表达式的值,设有"int a=4,b=5;"。

a + 2/4 - 3 * (a + 1) % 7

b % 7 * 2 - a * (b/2 - 3)

(3)将下面的数学公式转换成 C 语言的表达式,并用程序验证转换后的表达式是否与原数学公式一致。将程序保存到文件 exec1_9_2.c 中。

数学公式：$\dfrac{-2a+\dfrac{4a-b}{2a+b}}{\dfrac{a-4b}{a+b}}$，设 $a=3,b=5$。

(4)编写程序,从键盘输入两个整数,分别存入变量 x 和 y 中,计算 $x+y^2-3x/y$ 的值,并输出。将程序保存到文件 exec1_9_3.c 中。

1.4.2　赋值运算符

简单赋值运算符：=

使用格式：变量名=表达式

【随堂实训 1.10】

(1)理解简单赋值运算符的意义并分析下面程序的运行结果。将程序保存到文件 exec1_10_1.c 中。

```
#include <stdio.h>
main()
{
    int a, b;
    float f1;
    char ch;
    a = 2;    b = 5;
    f1 = 2.6;
    ch = '@';
    printf("a = %d, b = %d\n", a, b);
```

```
        printf("f1 = % f, ch = % c\n", f1, ch);
}
```

（2）理解强制转换的概念，并分析下面程序的运行结果。将程序保存到文件 exec1_10_2.c 中。

```
# include <stdio.h>
main( )
{
    int i1;
    double i2, d1 = 3.267;
    i2 = d1/3;
    i1 = (int)d1 % 7;
    printf("i1 = % d,i2 = % lf\n", i1, i2);
}
```

【更进一步】 把赋值运算符与算术运算符结合起来，还可以组成复合赋值运算符。如+=、-=、*=、/=、%=等。

【练习】 设有"int a = 3, b = 5;"，分析下面两个表达式，求计算后，a 和 b 的值各是多少，表达式的值是多少。

(1) a -= a += a * = b   (2) a += a -= a + b

1.4.3 逗号运算符

使用格式：表达式1,表达式2,…,表达式n

求解过程：从表达式1依次计算到表达式n，并以表达式n的值作为整个逗号表达式的值。

【随堂实训1.11】 分析并计算出下面逗号表达式的值以及 a 和 b 的值，设 $a = 3$，$b = 5$。

(1) b = (a * 7, b = a + 12, a = 9, a += 5)
(2) b = a + b, a * 5, a = 12, b * 7

【提示】 注意逗号运算符和赋值运算符的优先级。

1.4.4 自加、自减运算符

自加运算符(++)和自减运算符(--)的优先级都是比较高的，为2级。

【例1.3】 一个使用自加自减运算符的示例。

程序如下：

```
# include <stdio.h>
main( )
{
    int a = 3, b = 3, c, d;
    c = + + a;
    d = a + + ;
```

```
    printf("a = %d,b = %d,c = %d,d = %d\n", a, b, c, d);
    a = b = 3;
    c = a - - ;
    d = - - a;
    printf("a = %d,b = %d,c = %d,d = %d\n", a, b, c, d);
}
```

【随堂实训 1.12】

（1）判断下面程序的运行结果。将程序保存到文件 exec1_12_1.c 中。

```
# include <stdio.h>
main( )
{
    int i, j, k, q;
    i = 9;
    j = 10;
    k = i+ + ;
    q = + +j;
    printf("k = %d,q = %d\n", k, q);
}
```

（2）分析下面程序，写出程序的运行结果。将程序保存到文件 exec1_12_2.c 中。

```
# include <stdio.h>
main( )
{
    int a = 2, b = 3, c = 4;
    a = a * (16 + (b+ +) - ( + +c));
    printf("a = %d, b = %d, c = %d\n", a, b, c);
}
```

（3）分析下面程序，写出程序的运行结果。将程序保存到文件 exec1_12_3.c 中。

```
# include <stdio.h>
main( )
{
    int x = 10, y = 10;
    printf(" %d , %d\n", x - - , - - y);
}
```

1.5　项目训练

项目训练 1：

【问题定义】

配置 VC 开发环境。

【配置步骤】

我们通常采用直接拷贝的方式来安装 Visual C++ 6.0,现以硬盘安装为例。具体步骤如下(详细步骤请参照主教材光盘中《C 语言程序设计教程》第 14 章相关内容):

(1)将 VC 压缩包解压,并拷贝到硬盘上,假设拷贝后的路径为:d\vc++6.0。

(2)找到可执行文件。找到 d:\vc++ 6.0\common\msdev98\bin\msdev. exe 文件,它就是 Visual C++ 6.0 的启动文件。将其快捷方式发送到桌面。

(3)双击该快捷方式,启动 Visual C++ 6.0 应用程序。

(4)参照主教材光盘中《C 语言程序设计教程》14.1 节的修改路径步骤,修改并确定 Visual C++ 6.0 的路径配置是正确的。

(5)所有路径修改为与硬盘上路径一致后,单击"确定"按钮保存设置。

【环境测试】

在 VC 中编写如下的 C 语言源文件,然后进行编译和链接,若不出现"Error spawning cl. exe"的错误提示,则表示路径配置成功。

测试环境配置是否成功的代码如下:

```
#include <stdio.h>
main( )
{
    printf("This is a test program! \n");
}
```

若能正确地在屏幕上显示出"This is a test program!",则说明环境配置成功。

项目训练 2:

【问题定义】

求任意半径的球的体积。

【项目分析】

(1)定义一个 double 类型变量 r 用于存储半径值,再定义一个 double 类型变量 v 用于存储球的体积。

(2)由于要求是任意半径,故 r 要从键盘输入。

(3)利用几何公式计算出球的体积,并输出到屏幕上。

【项目设计】

计算球体体积的公式为:$v = 4.0/3.0 * \pi * r * r * r$。

补定义一个变量 pi 用来存储 π 的值。

项目的 N-S 图如图 1-6 所示。

定义变量 r、v 和 pi
从键盘输入变量 r 的值
pi=3.14
v=4.0/3.0 * pi * r * r * r
输出 v 的值

图 1-6 计算球体积的 N-S 图

【项目实现】

请读者根据图 1-6 自行完成此项目的编码。

代码的基本框架如下：

```
#include <stdio.h>
main( )
{
    /*请在下面编写相应的代码*/

}
```

【项目测试】

完成编码后，执行时可输入以下几个数据来测试程序，并对比预期输出结果，查看程序执行是否正确。

表 1-1　测试用例

问题	求任意半径的球的体积			
开发人员		日　期		
序号	输入数据	预期输出	实际输出	备注
1	0	0		
2	1	4.186667		
3	2.14	41.030774		

第 2 章　顺序结构程序设计

本章知识要点：
1. 赋值语句；
2. 格式输入输出语句；
3. 字符输入输出语句。

2.1　赋值语句

赋值表达式后加上分号即构成赋值语句。

赋值语句中,赋值运算符的左操作数必须是一个左值表达式,一般是一个变量。

【例 2.1】　编写程序,交换变量 x 和 y 的值。

程序如下：

```
# include <stdio.h>
main()
{
    int x = 5,y = 8,tmp;
    tmp = x;
    x = y;
    y = tmp;
    printf("x = %d,y = %d",x,y);
}
```

程序的运行结果是：

x = 8,y = 5

【想一想】　交换 x 和 y 的值用两条语句"x = y;y = x;"能否实现? 为什么? 有一个装满酱油的瓶子和一个装满醋的瓶子,如何交换两个瓶子中所装的东西? 是否必须借助于第三个空瓶子才能完成?

【随堂实训 2.1】　分析下面程序,写出程序的运行结果。

程序如下：

```
#include <stdio.h>
main( )
{
    int a, b, c,tmp;
    a = 2;
    b = 5;
    c = 8;
    tmp = a;
    a = b;
    b = c;
    c = tmp;
    printf("a = %d,b = %d,c = %d",a,b,c);
}
```

【例 2.2】 输入一个三位数,求各数位之和。

程序如下:

```
#include <stdio.h>
main()
{
    int n,sum,gw,sw,bw;
    printf("input n:");
    scanf("%d",&n);
    gw = n%10;  /* 求个位 */
    sw = n/10%10;  /* 求十位 */
    bw = n/100;  /* 求百位 */
    sum = gw + sw + bw;
    printf("sum = %d",sum);
}
```

程序的运行结果是:

输入:258<回车>

输出:sum = 15

【想一想】 如果是四位数,各数位之和该如何求? 五位数呢?

【随堂实训 2.2】 输入一个五位数,求各数位之和。将程序保存到文件 exec2_1_2.c 中。

程序如下:

```
#include <stdio.h>
main()
{
    int n,sum,gw,sw,bw,qw,ww;
    printf("input n:");
    scanf("%d",&n);
    gw = n%10;  /* 求个位 */
    sw = n/10%10;  /* 求十位 */
```

```
bw = n/100 % 10; / * 求百位 * /
qw = n/1000 % 10; / * 求千位 * /
ww = n/10000 % 10; / * 求万位 * /
sum = gw + sw + bw + qw + ww;
printf("sum = % d",sum);
}
```

2.2 格式输入输出语句

格式输入输出函数后面加上分号即构成格式输入输出语句。

使用格式输入输出函数时,注意格式控制字符串的正确使用。

【例 2.3】 分析下面程序,写出程序的运行结果。

程序如下:

```
# include <stdio.h>
main()
{
    int x,y,s;
    printf("input x,y:") ;
    scanf("% d,% d",&x,&y);
    s = x + y;
    printf("s = % d",s);
}
```

程序的运行结果是:

输入:5,8<回车>

输出:s = 13

【想一想】 格式控制字符串有什么作用? 如果输入:x=5,y=8,会得到正确结果吗? 为什么?

【随堂实训 2.3】 从键盘输入 5 个浮点数,求和及平均值。将程序保存到文件 exec2_2_1.c 中。

程序如下:

```
# include <stdio.h>
main( )
{
    float a,b,c,d,e,sum,average;
    printf("input 5 numbers:");
    scanf("% f % f % f % f % f",&a,&b,&c,&d,&e);
    sum = a + b + c + d + e;
    average = sum/5;
    printf("sum = % f,average = % f",sum,average);
}
```

【例 2.4】　分析下面程序的运行结果。

```
# include <stdio.h>
main()
{
    int a,b;
    a = 2;
    b = 3;
    printf("%d+%d=%d",a,b,a+b);
}
```

程序的运行结果是：

2+3=5

【想一想】　printf()函数的格式控制字符串中的格式说明符起什么作用？格式说明符与格式控制字符串之后的表达式列表的对应关系如何？格式控制字符串中的哪些字符会原样输出？

【随堂实训 2.4】　写出下面程序的运行结果。

程序如下：

```
# include <stdio.h>
main()
{
    int a,b;
    a = 2;
    b = 3;
    printf("%d+%d=%d\n",a,b,a+b);
    printf("%d-%d=%d\n",a,b,a-b);
    printf("%d*%d=%d\n",a,b,a*b);
    printf("%d/%d=%d\n",a,b,a/b);

}
```

【随堂实训 2.5】　编写程序，输出如下图形。将程序保存到文件 exec2_2_3.c 中。

```
    *
   * *
  * * *
 * * * *
* * * * *
```

2.3　字符输入输出语句

输入输出一个字符，可以使用格式输入输出函数 scanf 和 printf，还可以使用字符输入输出函数。

a = getchar(); 相当于 scanf("%c",&a);

putchar(c); 相当于 printf(" % c",a);

【例 2.5】 分析下面程序,写出程序的运行结果。

程序如下:

```
# include <stdio. h>
main()
{
    char a,b;
    a = 'A';
    b = getchar();
    printf(" % c",a + 32);
    putchar(b + 32);
}
```

程序的运行结果是:

输入:B<回车>

输出:ab

【想一想】

(1)'a' 与 'A' 之间有什么关系? 'a'－32 与 'A' 之间有什么关系? 一个小写字母与相应的大写字母有什么关系?

(2)语句"putchar("A");"有语法错误吗? 如何改正?

【随堂实训 2.6】 分析下面程序的运行结果。

程序如下:

```
# include <stdio. h>
main()
{
    char a,b;
    printf("input two characters:");
    scanf(" % c",&a);
    b = getchar();
    printf(" % c",a - 32);
    putchar(b - 32);
}
```

【想一想】 若输入是:ef<回车> ,则输出是什么?

【例 2.6】 分析下面三个程序的运行结果。

程序一:

```
# include <stdio. h>
# include <conio. h>
main()
{
    char a,b;
    a = getchar();
}
```

```
        putchar(a);
        b = getchar();
        putchar(b);
}
```

程序的运行结果是:

输入:ab<回车>

输出:ab

　　　ab

程序二:

```
# include <stdio.h>
# include <conio.h>
main()
{
        char a,b;
        a = getch();
        putchar(a);
        b = getch();
        putchar(b);
}
```

程序的运行结果是:

输入:ab(不输入回车)

输出:ab

程序三:

```
# include <stdio.h>
# include <conio.h>
main()
{
        char a,b;
        a = getche();
        putchar(a);
        b = getche();
        putchar(b);
}
```

程序的运行结果是:

输入:ab(不输入回车)

输出:aabb

【程序分析】

　　getchar 函数采用行缓冲输入机制,用户输入数据后,需要键入回车键,将数据载入缓冲区。然后,getchar 函数再从缓冲区中读取数据。getchar 函数的输入是带回显(屏幕显示键盘输入的内容)的。所以第一个程序输入 ab 后需要键入回车键,屏幕有输入内容的回显。屏幕上显示的内容除了输入回显 ab 外,还有程序输出的 ab 。

getch 函数不采用行缓冲输入机制,用户输入数据后,不需要键入回车键,getch 函数会立即读取输入的字符。getch 函数的输入是不带回显(屏幕上不显示键盘输入的内容)的。所以第二个程序输入 'a' 后被 getch 接收赋值给变量 a,然后执行 putchar(a)输出 'a';紧接着输入 'b',又马上被 getch 接收赋值给变量 b,然后执行 putchar(b)输出字符 'b'。屏幕上显示的内容只有程序输出的 ab ,没有输入内容的回显 。

getche 函数也不采用行缓冲输入机制,用户输入数据后,不需要键入回车键,getche 函数会立即读取输入的字符。getche 函数的输入是带回显(屏幕上显示键盘输入的内容)的。所以第三个程序输入 'a' 后被 getche 接收赋值给变量 a,屏幕上回显 'a',然后执行 putchar(a)输出 'a';紧接着输入 'b',又马上被 getche 接收赋值给变量 b,屏幕上回显 'b',然后执行 putchar(b)输出字符 'b'。屏幕上显示的内容,有输入内容的回显,也有程序输出的内容,顺序是 aabb 。

【随堂实训 2.7】 分析下面程序。

(1)若想将 'A','B','C' 分别赋值给变量 a,b,c ,应该如何输入? 屏幕上显示的内容是什么?

(2)若输入:ABC<回车>,能否完成将 'A','B','C' 分别赋值给变量 a,b,c 的任务? 为什么?

程序如下:

```c
# include <stdio.h>
# include <conio.h>
main()
{
    char a,b,c;
    a = getchar();
    putchar(a);
    b = getche();
    putchar(b);
    c = getch();
    putchar(c);
}
```

【程序分析】

(1)上面程序运行后,若输入:ABC<回车> ,字符 'A','B','C' 和回车字符将被存储到输入行缓冲区,之后 getchar 函数会到缓冲区读取一个字符 'A'。但是 getche 和 getch 函数并不采用行缓冲输入机制,不会到缓冲区去读取数据,会继续等待用户从键盘输入数据。

(2)若想将字符 'A','B','C' 分别赋值给变量 a,b,c,应输入:

A<回车>BC

输入 A<回车> 后,屏幕回显 A<回车>,字符 'A' 和回车字符将被存储到输入行缓冲区,之后 getchar 函数会到缓冲区读取一个字符 'A',赋值给变量 a。getche 函数将等待用户的键盘输入,输入 B 后,屏幕回显 B ,字符 'B' 不会进入缓冲区,而是被 getche 函数读取,赋值给变量 b。然后 getch 函数等待用户的键盘输入,输入 C 后,屏幕不会回显 C ,字符 'C' 不会进入缓冲区,而是被 getch 函数读取,赋值给变量 c。屏幕上的显示是:

　　A
　　ABBC

【随堂实训 2.8】　要实现如下功能:

从键盘输入两个整数和字符 '+',然后输出加法表达式。例如:

输入:7 8 和 '+'(输入格式依赖于程序中补充的语句)

输出:7+8=15

问题如下:

补充完整程序。按照你所补充的语句,正确的输入格式应是怎样的?

程序如下:

```c
# include <stdio.h>
# include <conio.h>
main()
{
    int a,b,s;
    char op;
    scanf("%d%d",&a,&b);
    _____;  /* 从键盘输入一个字符 */
    s = a + b;
    printf("%d%c%d = %d",a,op,b,s);
}
```

【程序分析】　上题中程序的填空有如下几种正确答案:

(1)scanf("%c",&op);

输入的正确格式是:

7 8+<回车>

或 7<回车>8+<回车> ,注意 8 和 '+' 间不能有空格。

因为 scanf 函数是行缓冲方式,若 8 后有空格字符或回车字符或其他字符,都将被赋值给变量 op,不是所期望的 '+' 字符被赋值给变量 op。

(2)op=getchar();

输入的正确格式(与第一种情况相同)是:

7 8+<回车>

或 7<回车>8+<回车> ,注意 8 和 '+' 间不能有空格。

因为 scanf 和 getchar 函数都是行缓冲方式,若 8 后有空格字符或回车字符或其他字符,都将被 getchar 函数读取,而不是所期望的 '+' 字符被 getchar 函数读取。

(3)op=getche();

输入的正确格式是:

7 8<回车>+

或 7<回车>8<回车>+

因为 scanf 函数是行缓冲方式,而 getche 函数不是行缓冲方式,所以 8 后可以有回车字符。

(4)op=getch();

分析同第三种情况。

2.4 项目训练

【问题定义】

在屏幕上输出一个应用程序的菜单。

【项目分析】

在字符界面的系统中,一般应用程序都会有一个菜单。请使用本章所学知识,编写程序,输出该应用程序的菜单。假设该应用程序有如下功能,请输出如下格式的菜单:

```
* * * * * * * * * * * * * * * * * * * * * * * * * *
*                学生成绩管理系统 V1.0              *
* * * * * * * * * * * * * * * * * * * * * * * * * *
*                1 - 输入学生成绩                   *
*                2 - 查找学生成绩                   *
*                3 - 输出学生成绩                   *
*                4 - 统计学生成绩                   *
*                5 - 学生成绩排序                   *
*                0 - 退出                           *
* * * * * * * * * * * * * * * * * * * * * * * * * *
```

【项目设计】

本项目不涉及深入的算法问题,只需要将字符菜单界面分行显示在屏幕上即可。所用到的语句通常为"printf("待输出的一行内容\n");",有多少行内容写多少个 printf 语句即可。

【项目实现】

请读者自行在 Visual C++ 6.0 下创建一个项目(例如:mainMenu),项目类型为"Win32 Console Application",再在该项目下创建一个 . c 源文件(例如:menu. c),文件类型为"C++ Source File"。

在 menu. c 中编辑代码即可。

【项目测试】

输出菜单的代码编写完成后,按照"编译"、"链接"、"执行"的步骤测试项目即可。项目执行后实际的输出如"项目分析"中所示。

第 3 章　分支结构程序设计

本章知识要点：

1. 掌握 if 语句的形式及其使用方法，能编写简单的逻辑判断程序；
2. 掌握 if-else 语句的形式及其使用方法，能编写简单的逻辑判断程序；
3. 掌握 if-else-if 语句的形式及其使用方法，能编写较复杂的逻辑判断程序；
4. 掌握 switch 语句的形式及其使用方法，能编写较复杂的逻辑判断程序；
5. 理解 break 语句在 switch 语句中的意义；
6. 掌握程序调试的基本方法。

【引例】　输入一个数，输出它的绝对值。

【分析】　该问题用数学公式可以这样描述：

$$y = \begin{cases} x & x>=0 \\ -x & x<0 \end{cases}$$

这个数学问题用顺序结构是不能解决的，因为要根据 x 值的不同，做不同的选择，因此只有用选择结构才能解决问题。

3.1　关系运算符和关系表达式

C 语言提供的关系运算符有 6 种：>（大于）、>=（大于等于）、<（小于）、<=（小于等于）、==（等于）、!=（不等于）。

【说明】

(1)关系运算符的优先级低于算术运算符；

其中>、>=、<、<= 的优先级为 6，==、!= 的优先级为 7。

(2)关系运算符的结合性为自左向右。

关系表达式：用关系运算符把两个 C 语言表达式连接起来的式子。

【说明】

(1)关系运算的结果只有两种可能:"真"或者"假"。当关系成立时,结果为"真",关系表达式的值为 1;当关系不成立时,结果为"假",关系表达式的值为 0,即关系表达式的值只能是整数 0 或者 1;

(2)存放在内存中的实型数总是有误差。应当避免使用判断"实型数＝＝实型数"这样的关系表达式。

【随堂实训 3.1】

根据以下要求,写出对应的关系表达式:

(1)判断一个数(设为 x),是否大于等于－142 。

(2)判断一个数(设为 x),是否等于 0(提示:注意区分"＝"与"＝＝")。

(3)判断一个数(设为 x),是否为 7 的倍数。

(4)判断一个数(设为 x),是否为偶数。

3.2　逻辑运算符和逻辑表达式

C 语言提供的逻辑运算符有 3 种:＆＆(逻辑与)、||(逻辑或)、!(逻辑非)。

【说明】

(1)! 的优先级比较高,为 2,高于算术运算符;

(2)＆＆ 和 || 的优先级分别为 12 和 13,低于算术运算符和关系运算符;

(3)C 语言中,任何一个非零值都表示"真",零表示"假";

(4)逻辑运算的结果仍然只有两个:1(真)和 0(假);

(5)逻辑运算的规则:

表 3-1　　　　　　　　　　　　　　　逻辑运算规则

A	B	A＆＆B	A||B	! A
真	真	真	真	假
真	假	假	真	假
假	真	假	真	真
假	假	假	假	真

逻辑表达式:用逻辑运算符将关系表达式或逻辑量连接起来的式子。

【随堂实训 3.2】

根据以下要求,写出对应的逻辑表达式:

(1)判断一个数(设为 x),是否介于 0 到 5。

(2)判断一个数(设为 x),是否为 5 或 7 的倍数。

(3)判断一个字符(设为 ch),是否为字母。

3.3　简单 if 语句

简单 if 语句一般形式如下：

if（表达式）
{
　　子句 1；
　　子句 2；
　　…
　　子句 n；
}

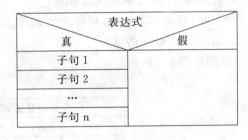

图 3-1　简单 if 语句 N-S 图

简单 if 语句的 N-S 图如图 3-1 所示。

【说明】

(1)执行过程：先计算表达式的值，若表达式为真（即非零），则执行 if 子句，否则跳过，不执行；

(2)if 后面的表达式必须用圆括号括起来，圆括号不能省略；

(3)表达式可以是任意合法的表达式；

(4)当只有一个子句时，可以省略大括号{}。

【例 3.1】　输入一个数，输出它的绝对值。

分析：该问题用数学公式可以这样描述：

$$y = \begin{cases} x & x \geqslant 0 \\ -x & x < 0 \end{cases}$$

解题步骤：

(1)定义实型变量 x 和 y；

(2)输入 x；

(3)将变量 x 的值赋给变量 y；

(4)判断，如果 x<0，则将 $-x$ 的值赋给变量 y；

(5)输出变量 y 的值。

N-S 图如图 3-2 所示。

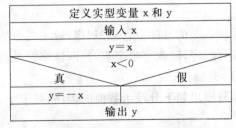

图 3-2　例 3.1 的 N-S 图

【例 3.2】 输入两个整数,输出其中较大者。

解题步骤:

(1)定义整型变量 x1、x2 和 max(用于存放较大的数);

(2)输入 x1 和 x2;

(3)将变量 x1 的值赋给变量 max;

(4)判断,如果 x2>max,则将变量 x2 的值赋给 max;

(5)输出变量 max 的值。

N-S 图如图 3-3 所示。

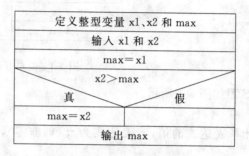

图 3-3 例 3.2 的 N-S 图

程序如下:

```
#include <stdio.h>
main()
{
    int x1,x2,max;
    scanf("%d%d",&x1,&x2);
    max = x1;
    if(x2>max)
    {
        max = x2;
    }
    printf("%d 与 %d 中较大的值为:%d",x1,x2,max);
}
```

【随堂实训 3.3】 在例 3.2 的基础上,编写程序,输入三个整数,输出其中最大的数。

【随堂实训 3.4】 编写程序,输入一个字符,判断该字符是否是数字字符,若是,则将该字符转换为对应的数字,并输出。

【随堂实训 3.5】 编写输出如下分段函数值的程序,要求 x 的值从键盘输入。

$$y=\begin{cases} x+1 & x\leqslant 0 \\ 1 & 0<x\leqslant 1 \\ x & x>1 \end{cases}$$

3.4　带有 else 子句的 if 语句

带有 else 子句的 if 语句一般形式如下：

```
if（表达式）
{
    子句 1；
    子句 2；
    …
    子句 m；        语句体 1
}
else
{
    子句 1；
    子句 2；
    …
    子句 n；        语句体 2
}
```

表达式	
真	假
子句 1(语句体 1)	子句 1(语句体 2)
子句 2(语句体 1)	子句 2(语句体 2)
…	…
子句 m	子句 n

图 3-4　带有 else 子句的 if 语句 N-S 图

带有 else 子句的 if 语句的 N-S 图如图 3-4 所示。

【说明】

(1)执行过程：先计算表达式的值,若值为真(即非零),则执行 if 子句,否则执行 else 子句；

(2)else 必须与 if 配对使用。

【例 3.3】　编写程序,输入一个字符,判断该字符是否是数字字符。若是,请提示输入的是数字字符；否则,提示输入的不是数字字符。

N-S 图如图 3-5 所示。

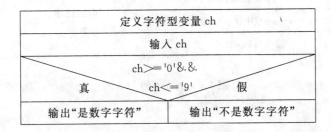

图 3-5　例 3.3 的 N-S 图

程序如下：

```
# include <stdio.h>
main()
{
    char ch;
    ch = getchar();
    if(ch> = '0' && ch<= '9')
    {
        printf("输入的是数字字符\n");
    }
    else
    {
        printf("输入的不是数字字符\n");
    }
}
```

【例 3.4】 编写程序，求一元二次方程 $ax^2+bx+c=0$ 的实根，要求 a、b、c 的值从键盘输入，$a\neq0$。

N-S 图如图 3-6 所示。

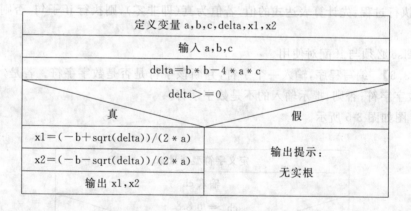

图 3-6 例 3.4 的 N-S 图

程序如下：

```
# include<stdio.h>
# include<math.h>
main()
{
    int a,b,c;
    float delta,x1,x2;
```

```
printf("Input a,b,c:\n");
scanf(" % d % d % d",&a,&b,&c);
delta = b * b - 4 * a * c;
if(delta> = 0)
{
    x1 = ( - b + sqrt(delta))/(2 * a);
    x2 = ( - b - sqrt(delta))/(2 * a);
    printf("x1 = % f,x2 = % f\n",x1,x2);
}
else
{
    printf("无实根！\n");
}
}
```

【程序说明】

(1)程序是根据代数的一元二次方程求根公式 $x_{1,2} = \dfrac{-b \pm \sqrt{b^2 - 4ac}}{2a}$ 求解的。假设 $\Delta = b^2 - 4ac$，则当 $\Delta \geqslant 0$ 时，方程有两个实根，否则，无实根。

(2)由于程序使用了求平方根函数 sqrt，则必须在程序的开头引入头文件<math.h>。

【随堂实训 3.6】 输入 1 到 100 的某个整数，如果大于等于 60，那么输出提示信息：成绩合格；否则，输出提示信息：成绩不合格。

【随堂实训 3.7】 编写大小写转换程序，如果输入的是大写字母则转换为小写字母，如果输入的是小写字母则转换为大写字母。

【随堂实训 3.8】 输入两个整数，输出其中较大的数。

【随堂实训 3.9】 输入三个整数，按从小到大的顺序输出。

3.5 if 语句的嵌套

在 if 语句和 else 子句中还可以包含 if 语句，这样的 if 语句称为嵌套的 if 语句。

【例 3.5】 编写程序，输入某年的年份，判断此年是不是闰年。提示：判断闰年的方法是，若该年份能被 400 整除，或能被 4 整除而不能被 100 整除，则此年为闰年，否则为平年。

分析：首先判断输入的年份是否能被 400 整除，若能，则为闰年。如果不能，进一步判断是否能被 4 整除：若能，则进一步判断是否能被 100 整除；若不能，则是平年。

N-S 图如图 3-7 所示。

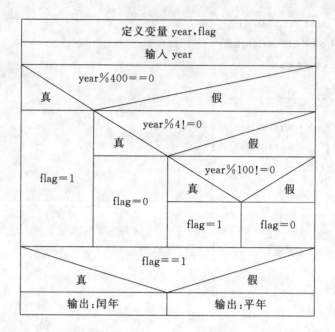

图 3-7 例 3.5 的 N-S 图

程序如下:

```c
#include<stdio.h>
main()
{
    int year,flag;
    scanf(" % d",&year);
    if(year % 400 == 0)
    {
        flag = 1;/* 作闰年的标记 */
    }
    else
    {
        if(year % 4! = 0)
        {
            flag = 0;/* 作平年的标记 */
        }
        else
        {
            if(year % 100! = 0)
            {
                flag = 1;
            }
```

```
            else
            {
                flag = 0;
            }


        }
    }
    if(flag == 1)
    {
        printf(" % d 是闰年。\n",year);
    }
    else
    {
        printf(" % d 是平年。\n",year);
    }
}
```

【程序说明】

(1)本例使用了嵌套的 if 语句,注意 else 总是与离它最近的上一个尚未匹配的 if 配对。

(2)建议尽量使用 else 子句中包含 if 语句的形式。

(3)该例还可以用以下简单的形式表示:

```
if(year % 400 == 0)
    flag = 1;
else if(year % 4! = 0)
    flag = 0;
else if(year % 100! = 0)
    flag = 1;
else
    flag = 0;
```

【随堂实训 3.10】 编写程序,求以下分段函数的值,其中 x 的值从键盘输入。

$$y = \begin{cases} x-4 & x \leqslant 0 \\ x^2+2 & 0 < x \leqslant 10 \\ x+10 & 10 < x \leqslant 30 \\ 2x^2-5 & x > 30 \end{cases}$$

3.6 switch 语句

switch 语句的一般形式如下:

switch（表达式）

```
{
    case 常量表达式 1:语句 1;break;
    case 常量表达式 2:语句 2;break;
    ...
    case 常量表达式 n:语句 n;break;
    default：语句 n+1;
}
```

Switch 语句的 N-S 图如图 3-8 所示。

表达式				
常量 表达式 1	常量 表达式 2	……	常量 表达式 n	其他
语句 1	语句 2	……	语句 n	语句 n+1

图 3-8　Switch 语句的 N-S 图

【说明】

(1)执行过程：首先计算表达式的值,然后在 case 分支中找到与其相等的常量表达式去执行后面的语句,然后退出 switch 语句,若没有找到与表达式的值相等的常量表达式,则执行 default 语句后面的语句 n+1。default 语句可省略。若语句 i 后不含 break,则继续执行下一条语句 i+1,不用判断常量表达式。

(2)switch 后面的表达式和常量表达式都是整型或字符型,case 后面只能是常量表达式。

(3)case 分支中的语句 i 后面的 break 语句一般情况下不要省略,因为没有 break 语句,程序就不能跳出 switch 语句,而是执行下一条 case 语句后面的语句,直至遇到 break 语句才能中止 switch 语句的执行。

【例 3.6】　从键盘输入一个整数放在 a 中:当输入的值为 1 时,屏幕显示 A;输入 2 时,屏幕显示 B;输入 3 时,屏幕显示 C;输入其他值时,屏幕显示 D。

程序如下：

```c
#include<stdio.h>
main()
{
    int a;
    scanf("%d",&a);
    switch(a)
    {
        case 1:printf("A");break;
```

```
        case 2:printf("B");break;
        case 3:printf("C");break;
        default:printf("D");break;
    }
}
```

【随堂实训 3.11】 输入一个百分制成绩,按以下规则,输出成绩等级。

90~100	优秀
80~89	良好
70~79	中等
60~69	及格
0~59	不及格

3.7 条件运算符和条件表达式

条件运算符和条件表达式的一般形式如下:

表达式 1? 表达式 2:表达式 3

【说明】

当表达式 1 的值为真时,以表达式 2 的值作为条件表达式的值,否则以表达式 3 的值作为条件表达式的值。

【例 3.7】 程序段如下:

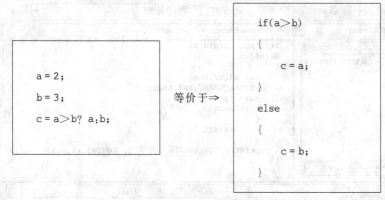

```
a = 2;
b = 3;
c = a>b? a:b;
```

等价于⇒

```
if(a>b)
{
    c = a;
}
else
{
    c = b;
}
```

【想一想】 如何在 VC 中对程序进行单步调试?

在编写程序时,往往会碰到编译和链接都没有问题,而程序运行后却得不到正确结果的情况,这可能是由于程序中有逻辑错误。调试逻辑错误时,单步跟踪是一个很好的方法。

例如,对例 3.2 进行调试,操作画面如下:

(1)首先点击"编译"→"开始调试"→"Step Into F11",进入调试画面,如图 3-9 所示。

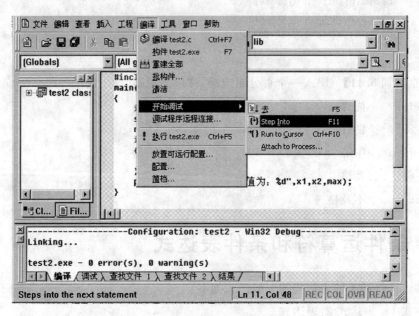

图 3-9　开始单步执行

进入如图 3-10 所示的调试界面：

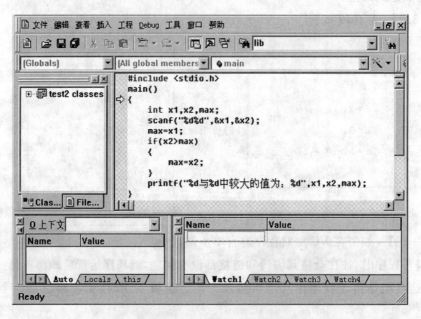

图 3-10　程序调试界面

调试界面由 4 个窗口组成：工作区窗口（左上）、程序窗口（右上）、变量自动查看窗口（左下）、查看窗口（右下）。其中变量自动查看窗口可以自动显示程序运行过程中变量的值,查看窗口可以输入想要查看的变量,观察其值。如果这两个窗口没有打开,可以通过点击菜单"查看"→"调试窗口",选择想要打开的窗口。

程序窗口中的黄色箭头指示即将执行的语句。

(2)点击菜单"Debug"→"Step Over",单步执行,如图 3-11 所示。

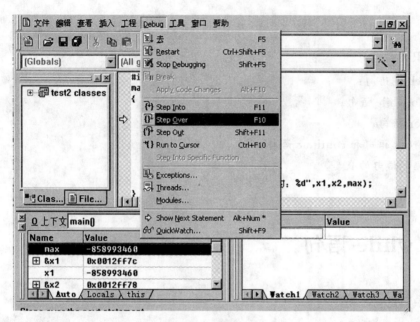

图 3-11　单步执行

每点击一次,则执行当前语句,黄色箭头下移指向下一条待执行的语句,可以在变量自动查看窗口中观察变量值的变化。如需继续跟踪,则再次点击"Debug"→"Step Over"或使用快捷键 F10。

菜单"Debug"→"Step Into"也是单步执行操作,当遇到函数调用语句时,它可以跟踪进入到被调用函数的内部。

第 4 章　循环结构程序设计

本章知识要点：

　　1. while 语句；
　　2. do-while 语句；
　　3. for 语句；
　　4. break 语句和 continue 语句；
　　5. 循环语句的嵌套。

4.1　while 语句

本节知识要点：

　　1. 了解循环语句的使用意义；
　　2. 掌握 while 语句的形式及使用方法；
　　3. 理解循环的四要素：
　　(1) 循环变量赋初始值；
　　(2) 循环条件；
　　(3) 循环语句；
　　(4) 循环变量改变。

4.1.1　while 语句的形式

　　while 语句的一般形式是：当条件（循环条件）成立（为真），执行循环语句（循环体）。

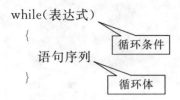

4.1.2　while 语句执行过程

（1）先计算 while 后面的表达式的值，如果其值为"真"则执行循环体；

（2）在执行完循环体后，再次计算 while 后面的表达式的值。如果其值为"真"，则继续执行循环体；如果其值为"假"，则退出此循环。

流程图和 N-S 图如图 4-1 和图 4-2 所示。

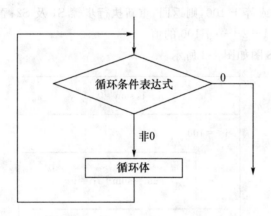

图 4-1　while 语句的流程图

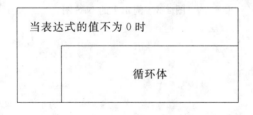

图 4-2　while 语句的 N-S 图

【例 4.1】　利用 while 语句，编写程序，计算 $1+2+3+\cdots+100$。

【程序分析】

考虑到 $1+2+3+\cdots+100$ 可以改写为：$(((1+2)+3)+\cdots+100)$，每一步都是两个数相加，加数总是在上一步加数增加 1 后参与本次加法运算，被加数总是上一步加法运算的和。可以考虑用一个变量 i 存放加数，一个变量 sum 存放上一步的和。那么每一步都可以写成：sum＋i，然后让 sum＋i 的和存入 sum，即：每一步都是 sum＝sum＋i。也就是说，sum 既代表被加数又代表和。这样可以得到算法 1。执行完步骤 S100 后，结果存放在 sum 中。

算法 1：
S0：sum＝0，i＝1
S1：sum＝sum＋i，i＝i＋1
S2：sum＝sum＋i，i＝i＋1
S3：sum＝sum＋i，i＝i＋1
…
S100：sum＝sum＋i，i＝i＋1

从算法 1，可以得到算法 2，如下：
S0：sum＝0，i＝1(循环初值)
S1：sum＝sum＋i，i＝i＋1(循环体)
S2：如果 i 小于或等于 100，则返回，重新执行步骤 S1 及 S2；否则，算法结束(循环控制)。sum 的值就是 1＋2＋…＋100 的值。
上述算法的 N-S 图如图 4-3 所示。

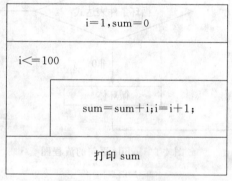

图 4-3　例 4.1 的 N-S 图

程序如下：
```c
#include <stdio.h>
main()
{
    int i = 1,sum = 0;
    while(i<= 100)
    {
        sum = sum + i;
        i + +;
    }
    printf("sum = % d",sum);
}
```
【程序说明】
(1)遇到数列求和、求积一类的问题，一般可以考虑使用循环语句。

（2）注意循环初值的设置。一般累加器设置为 0，累乘器设置为 1。

（3）循环体中做需要重复的工作，同时要保证使循环倾向于结束。循环的结束由 while 中的表达式（条件）控制。

（4）循环体中如果包含一条以上的语句，应该用花括弧括起来，以复合语句的形式出现，否则 while 语句只执行到第一个分号处。

（5）在本例中，循环四要素如下：

循环变量赋初始值	i＝1，sum＝0
循环条件	i＜＝100
循环语句	sum＝sum＋i；　i＋＋
循环变量改变	i＋＋

【随堂实训 4.1】

（1）利用 while 语句，计算 $1+1/2+1/4+\cdots+1/50$。提示：本题循环四要素如下：

循环变量赋初始值	i＝2，sum＝1.0
循环条件	i＜＝50
循环语句	sum＝sum＋1.0/i；　i＝i＋2
循环变量改变	i＝i＋2

（2）利用 while 语句，计算 $2+4+6+\cdots+100$。提示：本题循环四要素如下：

循环变量赋初始值	i＝2，sum＝0
循环条件	i＜＝100
循环语句	sum＝sum＋i；　i＝i＋2
循环变量改变	i＝i＋2

（3）利用 while 语句，计算 $5!＝1*2*3*4*5$。提示：本题循环四要素如下：

循环变量赋初始值	i＝1，fac＝1
循环条件	i＜＝5
循环语句	fac＝fac*i；　i＝i＋1
循环变量改变	i＝i＋1

（4）从键盘输入若干个非零数据，求它们的和。请独立分析相应的循环四要素。

（5）输入两个正整数，求其最大公约数和最小公倍数。

（6）求和：$1+2+3+\cdots+n$，其中 n 由键盘输入。

（7）求和：$1^2+2^2+3^2+4^2+5^2+6^2+7^2+8^2+9^2$。

4.2 do-while 语句

本节知识要点：

1．了解 do-while 语句的形式及使用方法；

2．进一步理解循环四要素；

3．while 语句与 do-while 语句的比较。

4.2.1 do-while 语句的形式

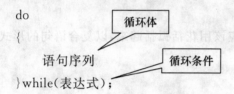

```
do
{
    语句序列
}while(表达式);
```

4.2.2 do-while 语句执行过程

(1)先执行循环体；

(2)再判断表达式的值；

(3)值为"真"时重复上述过程，直到表达式的值为"假"时结束循环。

流程图和 N-S 图如图 4-4 和图 4-5 所示。

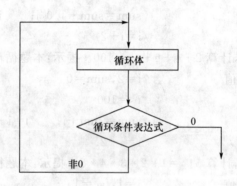

图 4-5　do-while 语句的流程图

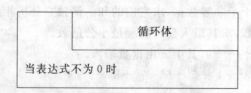

图 4-4　do-while 语句的 N-S 图

【例 4.2】　利用 do-while 语句,编写程序,计算 1+2+3+…+100。

【程序说明】

while 语句的形式如下：

初值

while(循环条件)

{

　　　循环语句

　　　循环变量改变

}

对应的 do-while 语句形式如下：

初值

do {

　　　循环语句

　　　循环变量改变

} while(循环条件)；/ * 分号一定要有!! * /

程序如下：

```
# include <stdio.h>

main()

{

    int i = 1,sum = 0;

    do{

        sum = sum + i;

        i + + ;

    } while(i<= 100);

    printf("sum = % d",sum);

}
```

【随堂实训 4.2】

(1)利用 do-while 语句,计算 $1+1/2+1/4+\cdots+1/50$。提示:本题循环四要素如下：

　　循环变量赋初始值　　　　i=?,sum=?

　　循环条件　　　　　　　　i<=?

　　循环语句　　　　　　　　sum=sum+1.0/i；　　i=i+?

　　循环变量改变　　　　　　i=i+?

(2)利用 do-while 语句,计算 $1+3+5+\cdots+99$。提示:本题循环四要素如下：

　　循环变量赋初始值　　　　i=?,sum=?

　　循环条件　　　　　　　　i<?

　　循环语句　　　　　　　　sum=sum+i；　　i=i+?

　　循环变量改变　　　　　　i=i+?

(3)利用 do-while 语句,计算 5! ＝1＊2＊3＊4＊5。提示:本题循环四要素如下:

循环变量赋初始值   i＝?,fac＝?

循环条件   i≤5

循环语句   fac＝fac＊i;   i＝i＋?

循环变量改变   i＝i＋?

(4)从键盘输入若干个非零数据,求它们的和。请独立分析循环的四要素,用 do-while 语句实现。

(5)编写程序,求 1～100 所有能被 7 整除的整数,并输出。要求用 do-while 语句实现。

4.2.3   while 语句与 do-while 语句的比较

【随堂实训 4.3】

(1)表达式初始值为"真",二者相同。如下例:计算 1＋2＋…＋10 的值,分别用 while 语句与 do-while 语句实现,给定初始值 sum＝0,i＝1。

``c
# include <stdio.h> 	
main()
{
    int sum = 0,i = 1;
    while(i<= 10)
    {
        sum = sum + i;
        i + + ;
    }
    printf("sum = % d,", sum);
    printf("i = % d", i);
}
 	
结果：sum = ?, i = ?```
	``c
	# include <stdio.h>
	main()
	{
	    int sum = 0,i = 1;
	    do {
	        sum = sum + i;
	        i + + ;
	    }while(i<= 10);
	    printf("sum = % d,", sum);
	    printf("i = % d", i);
	}
	
	结果：sum = ?,i = ?```

(2)表达式初始值为"假",二者不同。如下例:给定初始值 sum＝0,i＝11,分别用 while 语句与 do-while 语句实现。

```
#include <stdio.h>
main()
{
    int sum = 0, i = 11;
    while(i <= 10)
    {
        sum = sum + i;
        i + + ;
    }
    printf("sum = % d,", sum);
    printf("i = % d", i);
}

结果：sum = ?, i = ?
```

```
#include <stdio.h>
main()
{
    int sum = 0, i = 11;
    do {
        sum = sum + i;
        i + + ;
    }while(i <= 10);
    printf("sum = % d,", sum);
    printf("i = % d", i);
}

结果：sum = ?, i = ?
```

4.3　for 语句

本节知识要点：

　　1.掌握 for 语句的形式及执行过程；

　　2.进一步理解循环四要素；

　　3.了解三种循环语句的比较。

4.3.1　for 语句的形式

for(表达式 1;表达式 2;表达式 3)
{
　　循环语句
}

循环条件

循环体

4.3.2　for 语句执行过程

(1)计算表达式 1；

(2)计算表达式 2 的值,如果值为"真",执行循环体语句,否则转到第 5 步；

(3)计算表达式 3；

（4）转到第 2 步；

（5）结束循环，执行 for 语句的下一条语句。

流程图和 N-S 图如图 4-6 和图 4-7 所示。

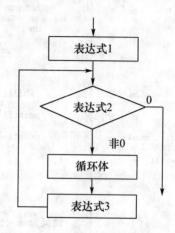

图 4-6 for 语句的流程图

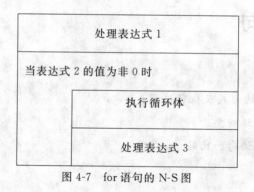

图 4-7 for 语句的 N-S 图

【例 4.3】 利用 for 语句，编写程序，计算 $1+2+3+\cdots+100$。

【程序说明】

while 语句的形式，如下：

初值

while(循环条件)

{

  循环语句

  循环变量改变

}

通常情况下，for 语句写成如下形式，方便阅读和理解：

for (循环变量赋初值;循环条件;循环变量改变)

{

　　　循环语句
}
程序如下：

```
#include <stdio.h>
main()
{
    int i,sum = 0;

    for(i = 1;i<= 100;i + + )
    {
        sum = sum + i;
    }
    printf("sum = %d",sum);
}
```

【程序说明】

(1)for 语句中的表达式 1，一般用于给循环变量赋初值(超过一个语句用逗号间隔)，如果在循环语句前已赋过初值，表达式 1 可以省略，但其后的分号不能省略。上例 for 语句可以改写如下：

```
sum = 0;i = 1;
for (i = 1; i<= 100; i + + )
    sum = sum + i;
```

或者

```
for (i = 1,sum = 0; i<= 100; i + + )
    sum = sum + i;
```

(2)表达式 2 用于判断循环条件，如果值为真，则执行循环体；如果值为假，则退出循环。当表达式 2 省略时，不判断条件，成为死循环。

```
for (sum = 0,i = 1; ;i + + )
    sum = sum + i;
```

(3)表达式 3 用于每次循环后修改循环变量，确保循环在某一时刻可以结束，如果循环体中已经包含了修改循环变量的语句，表达式 3 可以省略，但是表达式 3 前面的分号不能省略。(1)中的 for 语句可以变换如下：

```
for (sum = 0,i = 1; i<= 100 ; )
{
    sum = sum + i;
    i + + ;
}
```

【随堂实训 4.4】

(1)利用 for 语句，计算 $1 + 1/2 + 1/4 + \cdots + 1/50$。提示：本题循环四要素如下：

　　　循环变量赋初始值　　　　　　　　　i = ?,sum = ?
　　　循环条件　　　　　　　　　　　　　i<= ?

| 循环语句 | sum＝sum＋1.0/i;   i＝i＋？ |
| 循环变量改变 | i＝i＋？ |

（2）利用 for 语句，计算 1＋3＋5＋…＋99。提示：本题循环四要素如下：

循环变量赋初始值	i＝？,sum＝？
循环条件	i＜？
循环语句	sum＝sum＋i; i＝i＋？
循环变量改变	i＝i＋？

（3）利用 for 语句，计算 5!＝1＊2＊3＊4＊5。提示：本题循环四要素如下：

循环变量赋初始值	i＝？,fac＝？
循环条件	i＜＝？
循环语句	fac＝fac＊i; i＝i＋？
循环变量改变	i＝i＋？

（4）利用 for 语句，从键盘输入 5 个学生的成绩，编程实现输出各成绩和平均成绩。

（5）利用 for 语句，求在 3～100 所有 3 的倍数中，找出个位数字为 2 的数。

（6）编写程序，从键盘输入若干个正整数，求其中的最大数和最小数并输出。输入的数以 0 作为结束标志。

【例 4.4】 利用 for 语句，编写程序，输出斐波纳契（Fibonacci）级数 1,1,2,3,5,8,13 …的前 30 项。此级数的规律是：前两项的值均为 1，从第三项起，每一项都是前两项的和。要求一行输出 6 项。

分析见表 4-1：

表 4-1 斐波纳契级数计算规律

序号	last2	last1	next
1	1	1	＝1＋1＝2
2	1	2	＝1＋2＝3
3	2	3	＝2＋3＝5
4	3	5	＝3＋5＝8
5	5	8	＝5＋8＝13
…	…	…	…

通过上表，我们可以得到如下结论：

（1）反复做的动作可以作为循环体，如下：

```
next = last1 + last2;
last2 = last1;
last1 = next;
```

(2)初始值：

　last1 = 1;

　last2 = 1;

程序如下：

```
#include <stdio.h>
main()
{
    int count,i;
    long last1,last2,next; /* 避免数据溢出现象 */
    last1 = 1;
    last2 = 1;         /* 前两项都为 1 */
    printf("%10ld%10ld",last1,last2);
    count = 2;         /* count 统计输出的项数 */
    for(i = 3;i<= 30;i++)
    {
        next = last1 + last2; /* 计算下一项 */
        printf("%10ld",next);
        count ++ ; /* 每输出一项,项数就增加一项 */
        if(count%6 == 0)     printf("\n"); /* 每行只输出 6 项 */
        last2 = last1;
        last1 = next;
    }
    printf("\n");
}
```

【随堂实训 4.5】

(1)任意输入 6 个数,计算所有正数的和、负数的和以及这 6 个数的总和。

(2)求 $s = a + aa + aaa + aaaa + aa\cdots a$ 的值,其中 a 是一个数字(1～9)。例如 $2+22+222+2222+22222$(此时共有 5 个数相加,a 的值是 2)。要求:从键盘输入 a 的值和加数的个数。

(3)使用 for 循环,输出 26 个大写字母,要求每行有 5 个字母。

(4)编写程序,从键盘输入一行字符(以 $ 作为结束标志),统计字符个数(不含结束标志)。

(5)有一分数序列:2/1,3/2,5/3,8/5,13/8,21/13…编写程序,求出这个数列的前 20 项之和。

(6)编写程序,输入一个正整数,计算并显示该整数的各位数字之和,例如整型数 1987 的各位数字之和是 $1+9+8+7$,等于 25。

4.3.3　三种循环语句的比较

三种循环语句(不考虑用 if 和 goto 构成的循环)都可以用来处理同一个问题,但在具体使用时存在一些细微的差别。如果不考虑可读性,一般情况下它们可以相互代替。

(1)循环变量初始化：while 和 do-while 循环，循环变量初始化应该在 while 和 do-while 语句之前完成；而 for 循环，循环变量初始化可以在表达式 1 中完成。

(2)循环条件：while 和 do-while 循环只在 while 后面指定循环条件；而 for 循环可以在表达式 2 中指定。

(3)循环变量修改使循环趋向结束：while 和 do-while 循环要在循环体内包含使循环趋于结束的操作；for 循环可以在表达式 3 中完成。

(4)for 循环可以省略循环体，将部分操作放到表达式 2 和表达式 3 中，for 语句功能强大。

(5)while 和 for 循环先判断表达式，后执行循环体，而 do-while 是先执行循环体，再判断表达式。

三种基本循环语句一般可以相互替代，不能说哪种更加优越。具体使用哪一种语句，依赖于程序的可读性和程序设计者个人程序设计的风格(偏好)。我们应当尽量选择恰当的循环语句，使程序更加容易理解。对计数型的循环或确切知道循环次数的循环，用 for 循环比较合适；对其他不确定循环次数的循环，许多程序设计者喜好用 while/do-while 循环(如链表操作)。

```/* 用 while 语句实现 */```	```/* 用 do-while 语句实现 */```	```/* 用 for 语句实现 */```

```c
/* 用 while 语句实现 */
# include <stdio.h>
main()
{
  int i = 50;
  while(i<= 100)
  {
      if(i % 3! = 0)
        printf(" % 4d",n);
      i + + ;
  }
  /* 下面略 */
}
```

```c
/* 用 do-while 语句实现 */
# include <stdio.h>
main()
{
  int i = 50;
  do{
      if(i % 3! = 0)
        printf(" % 4d",n);
      i + + ;
  } while(i<= 100);
  /* 下面略 */
}
```

```c
/* 用 for 语句实现 */
# include <stdio.h>
main()
{
  int i;
  for(i = 50;i<= 100; i + + )
      if(i % 3! = 0)
        printf(" % 4d",n);
  /* 下面略 */
}
```

4.4　break 语句与 continue 语句

4.4.1　break 语句与 continue 语句形式

1.break 语句

• break 用于 switch 语句中和循环体中。

• 在循环体中，break 语句的作用是立即结束所在循环，跳到循环外。该循环结束，程序接着执行循环语句后边的语句。

• 在循环体中 break 语句常与 if 语句搭配使用。形式为：

　　if(条件) break;

• 以 while 语句和 for 语句中的 break 语句为例，流程图分别如下：

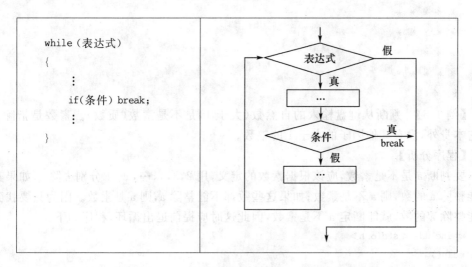

```
while (表达式)
{
      ⋮
      if(条件) break;
      ⋮
}
```

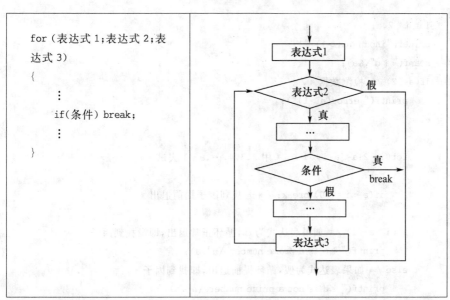

```
for (表达式 1;表达式 2;表
达式 3)
{
      ⋮
      if(条件) break;
      ⋮
}
```

【例 4.5】　读程序，写结果。

```c
# include <stdio.h>
main()
{   int i ;
    for(i = 0;i<5;i + +)
    {
```

```
        if(i>3) break;
        printf(" * * * * *\n");
    }
    printf("i = % d",i);
}
```

程序的运行结果是：

```
 * * * * *
 * * * * *
 * * * * *
 * * * * *
 i = 4
```

【例 4.6】 判断从键盘输入的自然数(大于 1)是不是素数(质数)。素数是指除了 1 和它本身外,没有其他因子的大于 1 的整数。

【程序分析】

要判断 a 是不是素数,应该根据素数的定义,用 $2,3,4,\cdots,a-1$ 分别去除 a,如果其中有能整除 a 的数,则 a 不是素数;如果这些数都不能整除 a,则 a 是素数。因为只要找到一个能整除 a 的数,就能断定 a 不是素数,因此这时应提前退出循环,程序如下:

```
# include <stdio.h>
main()
{
    int i = 2,a;
    printf("input a(a>1):");
    scanf("% d",&a);
    if(a<2) /* 检测数据 */
        printf(" error(a>1)");
    else
    {
        for(i=2;i<a;i++) /* 用 2,3,4,…,a-1 去试 */
        {
            if(a % i == 0) break; /* 若找到因子提前退出 */
        }
        if(i>a-1) /* 如果表达式为真,循环正常退出,即没找到因子 */
            printf("% d is a prime number.\n",a);
        else /* 如果表达式为假,循环提前退出,即找到因子 */
            printf("% d is not a prime number.\n",a);
    }
}
```

【随堂实训 4.6】

编写程序,计算满足 $1^2+2^2+3^2+\cdots+n^2<1000$ 的最大 n 值。

2.continue 语句

• continue 语句只用于循环体中。

• continue 语句的作用是结束本次循环,跳过 continue 后面的语句,接着进行下一次循环的判定,即循环继续进行。

• 在循环体中 continue 语句常与 if 语句搭配使用。形式为:

```
if(条件) continue;
```

• 以 while 语句和 for 语句中的 continue 语句为例,流程图分别如下:

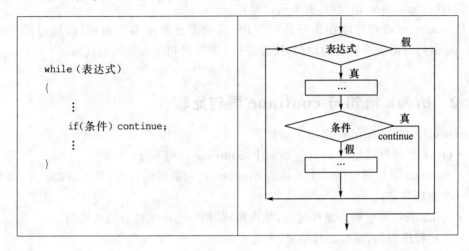

```
while (表达式)
{
      ⋮
    if(条件) continue;
      ⋮
}
```

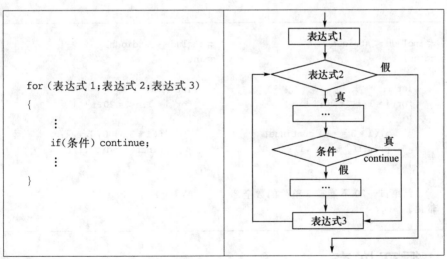

```
for (表达式 1;表达式 2;表达式 3)
{
      ⋮
    if(条件) continue;
      ⋮
}
```

【例 4.7】 求 1~20 不能被 3 整除的数(用 continue 实现)。

```
#include <stdio.h>
main()
{
    int i = 0;
    while(i <= 20)
    {
        i++;
        if(i % 3 == 0) continue;
```

```
        printf("%d",i);
    }
}
```

【程序说明】

(1)continue 是关键字。

(2)执行 continue 语句时,并不退出循环。

(3)continue 语句只能在循环体中使用,其功能是结束本次循环,即跳过循环体中 continue 语句下面尚未执行的语句,接着进行 while 语句中表达式的判断。

4.4.2 break 语句与 continue 语句比较

break 语句与 continue 语句区别如下:

• break 语句可以用在 switch 语句中,continue 语句不行;

• continue 语句只取消本次循环的 continue 语句后面的内容,并不结束循环,而是进行下一次循环判定;

• break 语句终止整个循环过程,跳出循环,执行循环结构后边的语句。

以上述程序为例,观察运行结果。

```
#include <stdio.h>
main()
{
    int i;
    for(i=1;i<=20;i++)
    {
        if(i%3==0) continue;
        printf("%d\t",i);
    }
}
结果:1~20 不能被 3 整除的数全部输出。
```

```
#include <stdio.h>
main()
{
    int i;
    for(i=1;i<=20;i++)
    {
        if(i%3==0) break;
        printf("%d\t",i);
    }
}
结果:1    2
```

4.5 循环嵌套

一个循环体内包含另一个完整的循环结构,称为循环的嵌套。

while 语句、do-while 语句和 for 语句都可以互相嵌套,甚至可以多层嵌套。例如:

```
while()
{
    for()
    {


    }
```

```
}
for()
{
    for()
    {

    }
}
```

【例 4.8】 求 1!+2!+…+20!的值。

```
#include <stdio.h>
main()
{
    int n,i;
    float fac,sum = 0;
    for(n = 1;n<= 20;n + +)
    {
        i = 1;
        fac = 1;
        do{
            fac = fac * i;
            i + + ;
        }while(i<= n);
        sum = sum + fac;
    }
    printf("sum = % f\n",sum);
}
```

求 n！
求各阶乘之和

【想一想】

(1)能否将语句"i＝1；fac＝1；"移到 for 循环之前？

(2)本题能否用一重循环实现？哪个更高效？

```
i = 1;
fac = 1;
for(i = 1;i<= 20;i + +)
{
    fac = fac * i;
    sum = sum + fac;
}
```

4.6 项目训练

项目训练 1：

【问题定义】

求任意一个正整数的位数，对负数不予考虑。

【项目分析】

(1) 要定义一个整型变量用来存储正整数 n，还需要定义一个整型变量 sum 用来存储数 n 的位数。

(2) 要求的是任意一个整数，因此，数 n 不能在程序中直接赋某个固定值，而是要从键盘输入。

(3) 要求数 n 是正整数，因此，必须用分支结构来判定其是否为正数。

(4) 用不断将数 n 除以 10 的方法来计算其位数，直到数 n 小于 10 时停止。

【项目设计】

(1) 判定数 n 是为正数的条件可用"n>0；"。

(2) 计算位数时可用循环结构来实现，如：

```
while( n> = 10)
{
    /＊位数加 1＊/
    /＊n 除以 10＊/
}
```

该项目的 N-S 图如图 4-8 所示。

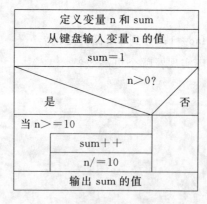

图 4-8 求任意一个正整数位数的 N-S 图

【项目实现】

请读者根据图 4-8 自行完成此项目的编码。

【项目测试】

完成编程后,可输入以下几个数据来测试程序,并对比预期输出结果,查看程序执行是否正确。

表 4-2　　　　　　　　　　　测试用例

问题	求任意一个正整数的位数			
开发人员		日　期		
序号	输入数据	预期输出	实际输出	备注
1	−123			(无显示)
2	0			(无显示)
3	179	3		(位数为 3)
4	8765432	7		(位数为 7)

项目训练 2:

【问题定义】

输入一行字符,以 '#' 结束,分别统计其中英文字母、空格、数字字符和其他字符的个数。

【项目分析】

(1)要定义 4 个整型变量分别用来存储英文字母、空格、数字和其他字符的个数,还需要定义一个字符型变量 ch 用来存储输入的字符。

(2)要求的是输入一行字符,以 '#' 结束,因此,需要判定一行输入结束的标志 '#'。

(3)如果字符是英文字母、空格、数字或者其他字符,须用分支结构来判定其是否属于某一类,然后对应的个数增加。

(4)用不断进行判断、处理、输入的顺序来处理字符串,直到输入的字符为 '#' 时停止。

【项目设计】

(1)判定字符是否为 '#' 的条件可用" ch ！ ＝ '#';"。

(2)计算各种字符个数时可用循环结构来实现,如:

```
while( ch ！ ＝ '#' )
{
    /* 判断相应类型加 1 */
    /* 再次输入一个字符 */
}
```

该项目的 N-S 图如图 4-9 所示:

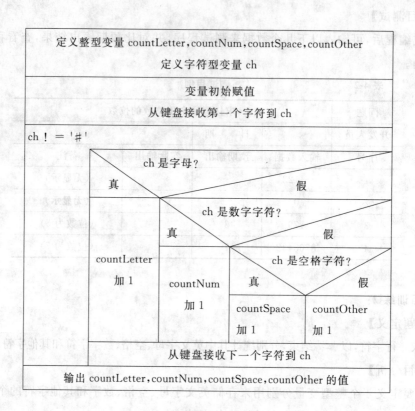

图 4-9 N-S 图

【项目实现】

请读者根据图 4-9 自行完成此项目的编码。

【注意】

判断 ch 是字母的条件为"(ch>='A'&& ch<='Z') || (ch>='a'&& ch<='z');"。

判断 ch 是数字字符的条件为"ch>='0'&& ch<='9';"。

判断 ch 是空格字符的条件为"' '== ch;"。

【项目测试】

完成编码后,可输入以下几个数据来测试程序,并对比预期输出结果,查看程序执行是否正确。也可以自行设计更多的数据来测试程序,并将测试结果记录在表中。

表 4-3   测试用例

问题	输入一行字符,以 '#' 结束,分别统计出其中英文字母、空格、数字和其他字符的个数			
开发人员		日　期		
序号	输入数据	预期输出	实际输出	备注
1	A1b2ds!#	countLetter=4 countNum=2 countSpace=1 countOther=1		各种类型
2	Aa#	countLetter=2 countNum=0 countSpace=0 countOther=0		字母字符
3	179#	countLetter=0 countNum=3 countSpace=0 countOther=0		数字字符
4	#	countLetter=0 countNum=0 countSpace=2 countOther=0		空格字符
5	#	countLetter=0 countNum=0 countSpace=0 countOther=0		空串

4.7　项目练习

(1)输出如下图形,要求使用二重循环。

```
* * * * * * * * * * * *
 * * * * * * * * * * * *
* * * * * * * * * * * *
 * * * * * * * * * * * *
```

（2）输出如下图形，要求使用二重循环。

```
    *
   * *
  * * *
 * * * *
* * * * *
```

（3）输出如下图形，要求使用二重循环。

```
1
1  2
1  2  3
1  2  3  4
1  2  3  4  5
1  2  3  4  5  6
1  2  3  4  5  6  7
1  2  3  4  5  6  7  8
1  2  3  4  5  6  7  8  9
```

（4）打印九九乘法表。

```
1*1=1
1*2=2  2*2=4
1*3=3  2*3=6  3*3=9
1*4=4  2*4=8  3*4=9  4*4=16
1*5=5  2*5=10  3*5=15  4*5=20  5*5=25
1*6=6  2*6=12  3*6=18  4*6=24  5*6=30  6*6=36
1*7=7  2*7=14  3*7=21  4*7=28  5*7=35  6*7=42  7*7=49
1*8=8  2*8=16  3*8=24  4*8=32  5*8=40  6*8=48  7*8=56  8*8=64
1*9=9  2*9=18  3*9=27  4*6=36  5*9=45  6*9=54  7*9=63  8*9=72  9*9=81
```

（5）求 100 之内的素数。

第5章 数 组

本章知识要点：

1.一维数组；

2.二维数组；

3.字符串。

5.1 一维数组

本节知识要点：

1.了解数组的概念；

2.掌握一维数组的定义、引用及初始化；

3.掌握一维数组的遍历。

5.1.1 一维数组的定义

1.定义形式

语法:数据类型说明符　数组名［数组长度］

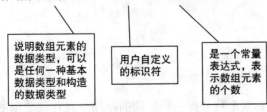

说明数组元素的数据类型，可以是任何一种基本数据类型和构造的数据类型

用户自定义的标识符

是一个常量表达式，表示数组元素的个数

【说明】

(1)数组的数据类型定义的是每个数组元素的取值类型。一个数组的所有元素的数据类型都是相同的。

(2)数组名要符合标识符命名规则。

(3)数组名不能与本函数内其他变量同名。

(4)数组名后面的"[ ]"是数组的标志,不能用圆括号或其他符号代替。

(5)数组的空间分配是静态分配。数组长度只能是常量,长度不能在程序运行过程中发生变化。

【例 5.1】 以下为合法的数组定义:

```
int a[5];/*定义整型数组 a,有 5 个元素,都是整型变量*/
float b[10],c[20];/*定义单精度实型数组 b,有 10 个元素;定义单精度实型数组 c,有 20 个元素*/
char string[20];/*定义字符型数组 string,有 20 个元素*/
```

【随堂实训 5.1】 判断正误。

程序一:

```
void main()
{    int i;
     double i[20];
     ...
}
```

程序二:

```
void main()
{
     int n = 5;
     int data[n];
     ...
}
```

程序三:

```
#define Size 5
void main()
{
     int a[Size],b[Size + 10];
     ...
}
```

2.数组在内存中的存储

系统按照数组的数据类型和元素个数分配一段连续的存储空间存储数组的元素。

例如,语句"int data[5];",定义了一个整型数组 data,给其分配的存储空间为 10 个字节。

数组元素的个数表示数组最多可以存放的数据个数,如数组 data 最多可以存放 5 个整型数据,其在内存中的存储形式如图 5-1 所示。

内存地址	数组元素	
1000	1	data[0]
1002	2	data[1]
1004	3	data[2]
1006	4	data[3]
1008	5	data[4]

图 5-1 数组在内存中的存储

5.1.2 一维数组的引用

引用数组元素的一般形式为：

数组名[下标]

【说明】

(1)下标的取值从 0 到数组元素个数减 1。注意，对于数组的越界问题，C 语言不做越界检查，使用时要注意。

(2)下标可以是变量或表达式。

【例 5.2】 将数字 0～3 放入一个整型数组，输出数组中每个元素的值和存储地址。

程序如下：

```
#include <stdio.h>
void main()
{
    int i,a[4];
    for (i = 0;i<4;i + + )
      a[i] = i;
    for (i = 0;i<4;i + + )
    printf (" %d : %u\t",a[i],&a[i]);
}
```

程序的运行结果是：

```
0:65482    1:65484    2:65486    3:65488
```

上述程序中，数组 a 在内存中的存储情况如图 5-2 所示。

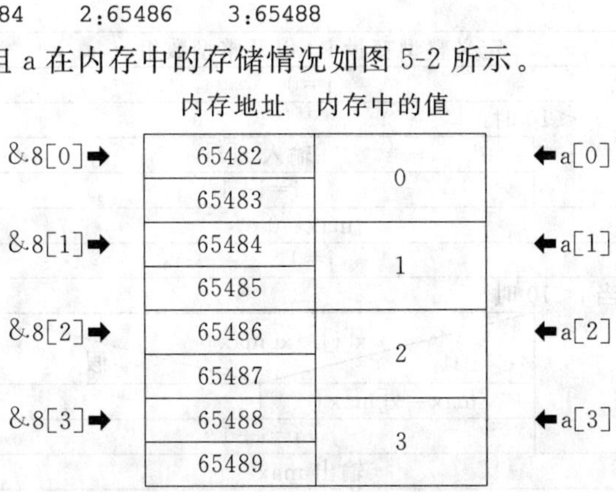

图 5-2 数组 a 在内存中的存储

5.1.3 数组的初始化

数组的初始化,即定义数组的同时给数组元素赋初值。

初始化形式:类型标识符 数组名[元素个数]={数值,数值,…,数值};

【说明】

(1)如果初始化时提供的数据个数少于数组长度,则用 0 补全;

(2)如果初始化时没有指定数组长度,则默认其长度为后面提供的数据的个数;

(3)如果没有初始化,则数组元素的值不确定,直到给数组元素赋值;

(4)数组初始化的赋值方式只能用于数组的定义,定义之后再赋值,只能一个元素一个元素地赋值。例如,以下初始化方式非法:

```
int a[5];
a[5]={1,2,3,4,5};
```

【例 5.3】 以下为合法的数组初始化语句:

```
int a[5]={1,2,3,4,5};
int b[5]={2,3,4};          /* 等价于 int b[5]={2,3,4,0,0}; */
int c[]={3,4,5,6};         /* 等价于 int c[4]={3,4,5,6}; */
char d[4]={'G','o','o','d'};
char e[4]={'o','k'};       /* 等价于 e[4]={'o','k','\0','\0'}; */
```

【随堂实训 5.2】 初始化一个包含 6 个整型元素的数组,并求和。

这 6 个数组元素分别为:72,51,49,62,86,90。

【随堂实训 5.3】 编写程序,以数组的方式保存从键盘输入的 10 个整数,然后输出。

【例 5.4】 编写程序,以数组方式保存从键盘输入的 10 个整数,找出其中最大的数,并输出。

分析:本题的思路是用变量 max 记住最大元素的下标。开始时,假设第 1 个元素最大,将 max 赋值为 0,循环从第 2 个元素开始,到第 10 个元素结束。每次循环,判断该元素是否比下标为 max 的元素大,如果是,则让 max 记住这个新的最大元素的下标。

N-S 图如图 5-3 所示。

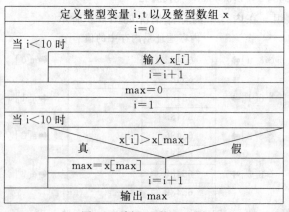

图 5-3 例 5.4 的 N-S 图

程序如下：

```c
# include<stdio.h>
main()
{
    int i,max,x[10];
    printf("enter data:\n");
    for(i=0;i<10;i++)
        scanf("%d",&x[i]);
    max=0;
    for(i=1;i<10;i++)
    {
        if(x[i]>x[max])
            max=i;
    }
    printf("max=%d\n",max);
}
```

【举一反三】 修改上述程序,同时找出其中最小的数。

【例 5.5】 用冒泡法对 5 个整数按从小到大的顺序排列输出。

排序的方法很多,主要有:冒泡法、选择法、希尔法、插入法。冒泡排序法的基本思想是:将待排序的元素依次进行相邻两个元素的比较,如果不符合顺序要求(由小到大或由大到小),则立即交换。这样值小(或大)的就会像冒气泡一样逐步升起。按此方法对数据元素进行一遍处理称为一趟冒泡,一趟冒泡的效果就是将值最大(或最小)的元素交换到了最后(或最前)的位置,即该元素排序的最终位置。n 个数据元素最多需要进行 $n-1$ 趟冒泡。

根据以上思想,本题算法如图 5-4 所示。

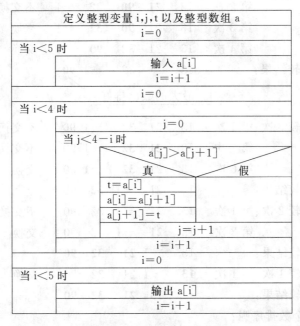

图 5-4 例 5.5 的 N-S 图

程序如下：

```
# include <stdio.h>
main()
{
    int a[5]; int i,j,t;
    for(i = 0;i<5;i + +)
        scanf(" % d",&a[i]);
    for( i = 0;i<4;i + +)
    {
        for( j = 0;j<4 - i;j + +)
            if(a[j]>a[j + 1])
            {
                t = a[j];
                a[j] = a[j + 1];
                a[j + 1] = t;
            }
    }
    for(i = 0;i<5;i + +)
        printf(" % d\t",a[i]);
}
```

【程序说明】

第 1 轮比较 4 次：第 1 次　　**21**　**13**　90　32　−1　　交换

　　　　　　　　　　第 2 次　　13　**21**　**90**　32　−1　　不交换

　　　　　　　　　　第 3 次　　13　21　**90**　**32**　−1　　交换

　　　　　　　　　　第 4 次　　13　21　32　**90**　**−1**　　交换

第 1 轮比较结果：　　　　　　　13　21　32　−1　**90**

> 最大的数已排好

第 2 轮比较 3 次：第 1 次　　**13**　**21**　32　−1　90　　不交换

　　　　　　　　　　第 2 次　　13　**21**　**32**　−1　90　　不交换

　　　　　　　　　　第 3 次　　13　21　**32**　**−1**　90　　交换

第 2 轮比较结果：　　　　　　　13　21　−1　**32**　**90**

第 3 轮比较 2 次：第 1 次　　**13**　**21**　−1　32　90　　不交换

　　　　　　　　　　第 2 次　　13　**21**　**−1**　32　90　　交换

第 3 轮比较结果：　　　　　　　13　−1　**21**　**32**　**90**

第 4 轮比较 1 次：第 1 次　　**13**　**−1**　21　32　90　　交换

第 4 轮比较结果：　　　　　　　**−1**　**13**　**21**　**32**　**90**

【想一想】　n 个数排序呢?

【例 5.6】　用选择法对 5 个整数按从小到大的顺序排列输出。

选择排序法的基本思想是：除第 1 个数外,剩余 $n-1$ 个数中,如果比第 1 个数小的数,则这个数与第 1 个数交换位置;除前 2 个数外,剩余 $n-2$ 个数中,如果有比第 2 个数小的数,则这个数与第 2 个数交换位置。以此类推,若 $n-1$ 个数已排好序,则这个数列已按升序排列。

根据以上思想,本题算法如图 5-5 所示。

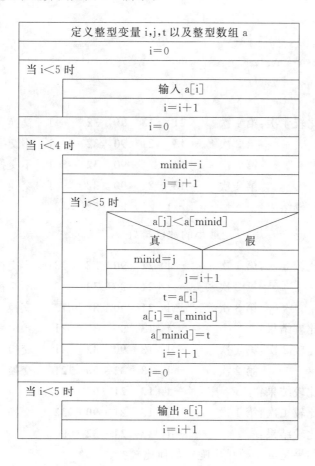

图 5-5 例 5.6 的 N-S 图

程序如下:

```
#include <stdio.h>
main()
{
    int a[5]; int i,j,t,minid;
    for(i=0;i<5;i++)
        scanf("%d",&a[i]);
    for(i=0;i<4;i++)
    {
        minid=i;
        for(j=i+1;j<5;j++)
            if(a[j]<a[minid])
```

```
                {
                    minid = j;
                }
                t = a[i]; a[i] = a[minid]; a[minid] = t;
            }

        for(i = 0; i < 5; i + +)
            printf(" % d\t",a[i]);
    }
```

【程序说明】

第 1 轮比较 4 次:第 1 次	**21**	**13**	90	32	−1	交换
第 2 次	**13**	21	**90**	32	−1	不交换
第 3 次	**13**	21	90	**32**	−1	不交换
第 4 次	**13**	21	90	32	**−1**	交换
第 1 轮比较结果:		**−1**	21	90	32	13

最小的数已排好

第 2 轮比较 3 次:第 1 次	−1	**21**	**90**	32	13	不交换
第 2 次	−1	**21**	90	**32**	13	不交换
第 3 次	−1	**21**	90	32	**13**	交换
第 2 轮比较结果:		**−1**	**13**	90	32	21
第 3 轮比较 2 次:第 1 次	−1	13	**90**	**32**	21	交换
第 2 次	−1	13	**32**	90	**21**	交换
第 3 轮比较结果:		**−1**	**13**	**21**	90	32
第 4 轮比较 1 次:第 1 次	−1	13	21	**90**	**32**	交换
第 4 轮比较结果:		**−1**	**13**	**21**	**32**	90

【想一想】 如果是 n 个数排序呢？如何比较？

【随堂实训 5.4】 读程序,回答以下程序的输出结果是什么。

```
#include<stdio.h>
main()
{
    int i,a[10];
    for(i = 9;i > = 0;i - -)
    {
        a[i] = 10 - i;
    }
    printf(" % d % d % d",a[2],a[5],a[8]);
}
```

【随堂实训 5.5】 编写程序,以数组方式保存从键盘输入的 10 个整数,将数组中的元素按逆序重新存放后输出。

【随堂实训 5.6】 编写程序,初始化包含 10 个元素的数组,将数组中的每个元素的位置向后移一位,其中第 10 个数组元素赋值给第 1 个数组元素。

【随堂实训 5.7】 从键盘输入一个数,插入到已按降序排列的数组中,要求该数组仍然保持降序排列。

5.2 字符串

本节知识要点:

　　1.掌握字符串的使用;

　　2.了解字符串函数。

5.2.1 字符串的概念

字符串:用双引号括起来的一串字符称为字符串,如"abc"、"$1234"等。

【说明】

(1)在 C 语言中,将字符串作为字符数组处理,使用字符数组来存储字符串中的字符。

(2)在存储字符串时,要在最后附加存储一个 '\0',作为字符串的结束标志,例如字符串"abc"在内存中的存储形式如下:

'a'	'b'	'c'	'\0'

5.2.2 字符串的初始化

字符串的定义及赋初值,有多种形式,以下几种方式等价,举例如下:

(1)char st[4]={'a','b','c'};/* 等价于 char st[4]={ 'a','b','c','\0'} */

(2)char st[]={"abc"};

(3)char st[]="abc";

5.2.3 字符串的输入与输出

字符串变量的输入与输出可以使用两对输入输出函数,分别是:

• scanf 函数和 printf 函数;

• gets 函数和 puts 函数。

1.字符串输入函数

(1)scanf 函数

举例:

char st[10];

scanf("%s",st);

【说明】

①字符串输入所对应的格式符为：%s；

②字符串输入时，变量名前无须加取地址符"&"，直接使用字符数组名即可；

③scanf 遇到空格、跳格符或回车符都认为字符串输入结束。

（2）gets 函数

举例：

```
char st[10];
gets(st);
```

【说明】　用 gets 函数输入时，只有遇到回车符才认为字符串输入结束。

2.字符串输出函数

（1）printf 函数

举例：

```
printf("%s",st);
```

【说明】　该函数输出后不自动换行。

（2）puts 函数

举例：

```
puts(st);
```

【说明】　该函数输出后自动换行。

【例 5.7】　判断下面程序的输出结果。

```
#include <stdio.h>
main()
{
    char str[10]={'H','e','l','l','o','!','\0','!'};
    printf("%s",str);
}
```

【例 5.8】　将字符串"abcde"存入字符数组 s 中，然后输出字符数组 s。

程序如下：

```
#include <stdio.h>
main()
{
    char s[6];
    scanf("%s",s);
    printf("%s",s);
}
```

【说明】　字符串"abcde"包含 5 个字符，但字符数组 s 的元素个数为 6，因为存储"abcde"时要附加存储一个 '\0'。执行 scanf 语句输入"abcde"后，数组 s 在内存中的存储形式为：

'a'	'b'	'c'	'd'	'e'	'\0'
s[0]	s[1]	s[2]	s[3]	s[4]	s[5]

【例 5.9】 思考以下输出有何不同。

程序一：
```
main()
{
    char a[] = { 'a','b','c'};
    printf("%s",a);
}
```

程序二：
```
main()
{
    char b[] = "abc";
    printf("%s",b);
}
```

【程序分析】 程序一中的数组 a 和程序二中的数组 b 在内存中的存储形式如图 5-6 所示。

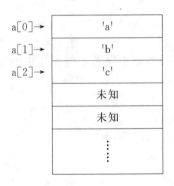 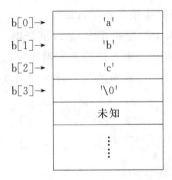

图 5-6 数组 a 和 b 在内存中的存储

printf("%s",a)从 a[0]开始,输出其后的每一个字符,直至遇到 '\0' 结束输出。因为 a[2]后边的内容未知,因此输出 abc 后,还可能输出其后的若干个其他字符。

printf("%s",b)从 b[0]开始,输出其后的每一个字符,直至遇到 '\0' 结束输出。因为 b[3]为字符 '\0',所以输出结果仅为 abc。

【随堂实训 5.8】 将字符串"Hello world"存储到字符数组 s 中并输出。

【随堂实训 5.9】 输入一个字符串,统计其中单词个数,单词之间用空格隔开。

例如:输入"Nice to meet you",输出"4 个单词"。

提示:定义一个计数器变量,初始化为零,遍历字符串,当碰到连续的字符后面有空格或 '\0' 的时候,表示遇到了一个单词,则计数器加 1。

5.2.4 字符串处理函数

C 语言提供了大量的字符串处理函数,下面是几个最常用的字符串函数。

1.求字符串长度的 strlen

格式:strlen(字符串)

功能:计算字符串的实际长度(不含字符串结束标志 '\0'),并将计算结果作为函数值返回。字符串既可以是字符串常量,也可以是字符串变量。

例如:

```
# include <stdio.h>
# include<string.h>
main()
{
    int lena,lenb;
    char a[] = "hello";
    char b[5] = {'g','o','o','d'};
    lena = strlen(a);
    lenb = strlen(b);
    printf("字符串 a 的长度为 %d,字符串 b 的长度为 %d\n",lena,lenb);
}
```

2.字符串连接函数 strcat

格式:strcat(字符串变量 1,字符串 2)

功能:将字符串 2 连接到字符串变量 1 的后面,并删去字符串变量 1 中的字符串结束符 '\0'。strcat 的返回值是字符串变量 1 的首地址。

例如:

```
# include <stdio.h>
# include<string.h>
main()
{
    char str1[30] = "abc",str2[] = "def";
    strcat(str1,str2);
    printf("str1: %s\n str2: %s\n",str1,str2);
}
```

程序的运行结果是:

```
str1:abcdef
str2:def
```

3.字符串拷贝函数 strcpy

格式:strcpy(字符串变量 1,字符串 2)

功能:将字符串 2 复制到字符串变量 1 中,字符串结束符 '\0' 也一起复制。字符串 2 既可以是字符串常量也可以是字符串变量。

例如:

```
# include <stdio.h>
# include <string.h>
main()
{
    char str1[10] = "abc";
```

```
    char str2[] = "defgh";
    strcpy(str1,str2);
    printf("%s,%s",str1,str2);
}
```

程序的运行结果是:

defgh, defgh

4.字符串比较函数 strcmp

格式:strcmp(字符串 1,字符串 2)

功能:将字符串 1 和字符串 2 中的字符从左到右一一进行比较(比较字符的 ASCII 码值的大小),第一个不相等的字符的大小决定了整个字符串的大小。若字符串 1 和字符串 2 的所有字符完全相同,则字符串 1 等于字符串 2。

若字符串 1=字符串 2,函数返回 0;

若字符串 1<字符串 2,函数返回一个负整数;

若字符串 1>字符串 2,函数返回一个正整数。

例如:

```
#include <stdio.h>
#include <string.h>
main()
{
    char str1[] = "abc"; char str2[] = "abc";
    char str3[] = "acefg"; char str4[] = "ace";
    printf("%d\t",strcmp(str1,str2));
    printf("%d\t",strcmp(str1,str3));
    printf("%d\t",strcmp(str3,str1));
    printf("%d\t",strcmp(str3,str4));
    printf("%d",strcmp(str4,str3));
}
```

程序的运行结果是:

    0   -1   1   102   -102

5.字符串大小写转换函数 strlwr,strupr

格式:strlwr(字符串)

功能:将字符串中的所有大写字母转换成小写字母。

格式:strupr(字符串)

功能:将字符串中的所有小写字母转换成大写字母。

例如:

```
#include<stdio.h>
#include<string.h>
main()
{
    char str[20] = "Hello World!",strA[20],stra[20];
```

```
        strcpy(stra,strlwr(str));
        strcpy(strA,strupr(str));
        printf(" % s, % s",stra,strA);
    }
```

程序的运行结果是:

hellow world!,HELLO WORLD!

【随堂实训 5.10】 编写程序,不用函数 strcat,将两个字符串连接起来。

【随堂实训 5.11】 从键盘输入一个字符串,统计其中大写字母的个数、小写字母的个数以及空格的个数。

5.3 二维数组

本节知识要点:
1. 掌握二维数组的定义、初始化、数组元素的引用;
2. 掌握二维数组的遍历。

5.3.1 二维数组的定义与存储

定义形式:类型标识符 数组名[行数][列数]

【说明】 数据类型说明符是 C 语言提供的任何一种基本数据类型或构造数据类型。数组名是用户定义的标识符。行数和列数是常量表达式。

例如,语句"int a[2][3];",定义了数组 a,2 行 3 列,共 6 个元素,每个元素都是整型变量。

C 语言把二维数组看作特殊的一维数组,它的每一个元素本身就是一个一维数组。例如,二维数组 a[2][3]可以看作一个一维数组,它有两个元素 a[0]、a[1]。a[0]和 a[1]自身又是一维数组,每个都有三个元素。

a[0]	a[0][0]	a[0][1]	a[0][2]
a[1]	a[1][0]	a[1][1]	a[1][2]

二维数组 a[2][3]的存放顺序是:

a[0][0] ⟶ a[0][1] ⟶ a[0][2] ⟶

a[1][0] ⟶ a[1][1] ⟶ a[1][2]

5.3.2 二维数组的引用

引用形式：数组名[行下标][列下标]

【说明】 数组下标可以是整型变量或整型表达式，数组行下标不能大于行数－1，列下标不能大于列数－1。

例如：定义数组 int a[2][3]，各个数组元素的引用分别为：

a[0][0] a[0][1] a[0][2]

a[1][0] a[1][1] a[1][2]

【例 5.10】 输入 2 个学生 3 门课的成绩，然后输出，成绩表见表 5-1：

表 5-1 成绩表

姓名	数据库原理	C 语言	英语
张三	65	78	75
李四	70	66	82

程序如下：

```
#include <stdio.h>
main()
{
    int i,j,score[2][3];
    for (i=0;i<2;i++)
        for (j=0;j<3;j++)
            scanf("%d",&a[i][j]);

    for (i=0;i<2;i++)
        for (j=0;j<3;j++)
            printf("%d", score[i][j]);
}
```

5.3.3 二维数组的初始化

形式：

数据类型说明符 数组名[行数][列数]={{数值,数值,…,数值},{数值,数值,…,数值}…};

或者为：

数据类型说明符 数组名[行数][列数]={数值,数值,…,数值};

【例 5.11】 二维数组的初始化

分行赋初值：

```
int a[2][3]={{1,2,3},{4,5,6}};
```

不分行赋初值：

```
int b[2][3]={1,2,3,4,5,6};
```

对部分元素赋初值：

```
int c[3][4]={ {1},{0,2},{0,0,3} };
```

未赋值的元素自动赋值 0，而且前面的 0 不能省略，后面的 0 可以省略。

对全部元素赋初值，省略第一维的长度：

```
int a[][2]={ {1,2},{3,4} };
```

【随堂实训 5.12】 改进例 5.10，输出每个学生的平均成绩和总成绩。

【随堂实训 5.13】 将一个二维数组的行和列的元素互换，存到另一个二维数组中。

例如：

$$a=\begin{Bmatrix} 1 & 2 & 3 \\ 4 & 5 & 6 \end{Bmatrix} \qquad b=\begin{Bmatrix} 1 & 4 \\ 2 & 5 \\ 3 & 6 \end{Bmatrix}$$

【随堂实训 5.14】 输出杨辉三角形，如下所示：

```
1
1   1
1   2   1
1   3   3   1
1   4   6   4   1
1   5   10  10  5   1
```

【提示】 杨辉三角形有以下特点：

(1)只有下半三角形有确定的值；

(2)第一列和对角线上的元素值都是 1，其他元素值均是前一行同一列元素与前一行前一列元素之和。

第6章 指 针

6.1 指针与指针变量

【例 6.1】 分析下面两个程序的运行结果。

程序一:

```
# include <stdio.h>
main( )
{    int a,b, * p;
     a = 3;
     p = &a;
     b = * p;
     printf("b = % d\n",b);
}
```

程序的运行结果是:

  b = 3

【程序分析】

本例中有三个变量,a、b 是整型变量,p 是指向整型数据的指针变量。程序执行时,a 被赋值为 3,p 指向 a,然后将 p 所指向的存储单元的值(即 a 的值 3)赋值给变量 b,因此 b

的值为 3。

程序二：

```
# include <stdio.h>
main( )
{
    int a,b, * p;
    a = 3;b = 2;
    p = &a;
    * p = b;
    printf("a = % d\n",a);
}
```

程序的运行结果是：

a = 2

【程序分析】

本例中有三个变量,a、b 是整型变量,p 是指向整型数据的指针变量。程序执行时,a 和 b 分别被赋值为 3 和 2,p 指向 a,然后将 b 的值 2 保存到 p 所指向的存储单元(即变量 a),因此 a 的值为 2。

【想一想】 有"int a＝3, * p＝&a;",a 的值与 * p 的值相等吗？为什么?

【随堂实训 6.1】 分析下面程序,并写出运行结果。

程序如下：

```
# include <stdio.h>
main( )
{   int a, * p, * q;
    a = 5;
    p = &a;
    * p = 2;
    a = * p + 3;
    q = &a;
    printf(" % d\n", * q);
}
```

【随堂实训 6.2】 已知 $a＝3,b＝5$。请用指针的方法交换变量 a,b 的值。将程序保存在文件 exec6_1_2.c 中。

6.2 指针与内存分配

本节知识要点：

内存的动态申请和释放。

【例 6.2】 分析下面程序的运行结果。

```
# include <stdio.h>
main( )
{
    int a, * p;
    a = 3;
    p = (int)malloc(sizeof(int));
    * p = a + 5;
    printf(" % d\n", * p);
    free(p);
}
```

程序的运行结果是：

8

【程序分析】

本例中有两个变量,a 是整型变量,p 是指向整型数据的指针变量。程序执行时,a 被赋值为 3,p 指向系统动态申请的整型存储单元,然后将 a 加上 5 后的值保存到 p 所指向的整型存储单元,因此 * p 的值为 8。最后释放刚才申请的内存单元。

【想一想】 能否去掉语句"p=(int)malloc(sizeof(int));"? 为什么?

【随堂实训 6.3】 分析下面程序,并写出运行结果。

程序如下：

```
# include <stdio.h>
main( )
{
    int a = 2, * p;
    float * q;
    p = (int * )malloc(sizeof(int));
    q = (float * )malloc(sizeof(float));
    * p = a + 5;
    * q = * p/2.0;
    printf(" * q = % .2f\n", * q);
    free(p);
    free(q);
}
```

【随堂实训 6.4】

```
int * pa, * pb, * pc;
```

pa,pb,pc 是三个整型指针,请使用动态分配内存的方法使 pa,pb,pc 分别指向三个整型存储单元。从键盘输入 3 个整数分别保存到三个指针变量所指向的存储单元中,最后输出这三个整数之和。将程序保存在文件 exec6_2_2.c 中。

6.3　指针与一维数组

【例 6.3】　分析下面程序的运行结果。

```
#include <stdio.h>
main()
{
    int a[] = {1,5,8,3,10}, *p;
    p = a;
    printf("%d,%d\n", *(p+2), *p+2);
}
```

程序的运行结果是：

8,3

【程序分析】

本例中先定义了一个 5 个元素的整型数组 a，p 是指向整型数据的指针变量。p 指向数组 a 的第一个元素（注意：数组名代表数组的首地址）。*(p+2) 表示 p 所指向的数据存储单元（即数组元素 a[0]）之后的第二个数据存储单元（即数组元素 a[2]）的值，因此 *(p+2) 的值是 8。*p+2 的值为 a[0]+2，即 1+2，*(p+2) 的值是 3。

【想一想】　例 6.3 中，若整型变量 i 的取值范围是 0~4，则 *(p+i) 与 a[i] 之间是什么关系？

【随堂实训 6.5】　分析下面程序，并写出运行结果。

程序如下：

```
#include <stdio.h>
main()
{
    int i,a[10] = {1,2,3,4,5,6,7,8,9,10}, *p;
    p = a;
    for(i = 0;i<10;i++)
        printf("%4d", *(p+i));
}
```

【随堂实训 6.6】　分析下面程序，并写出运行结果。

程序如下：

```
#include <stdio.h>
main()
{
```

```
    int i,t,a[10]={1,2,3,4,5,6,7,8,9,10}, * p;
    p=a;
    for(p=a;p-a<10;p++)printf("%4d", * p);
}
```

【随堂实训 6.7】　分析下面程序,并写出运行结果。

程序如下:

```
#include <stdio.h>
main( )
{
    int i,t,a[10]={1,2,3,4,5,6,7,8,9,10}, * p, * q;
    p=a;
    q=a+9;
    while(p<q)
    {t= * p; * p= * q; * q=t;p++;q--;}
    for(p=a;p-a<10;p++)printf("%4d", * p);
}
```

【想一想】　随堂实训 6.6 和 6.7 中,对数组的访问使用了不同的方法。这两种用指针访问数组的方法有什么区别?

【随堂实训 6.8】

一维数组 a 中存放有 10 个整数{1,2,3,4,5,6,7,8,9,10},从键盘输入一个整数 x,查找数组中是否有一个元素的值与 x 相等。若有,输出该元素的下标;否则,输出"数组中没有与该数相等的元素"。要求对数组元素的引用用指针实现。将程序保存在文件 exec6_3_4.c 中。

【随堂实训 6.9】

一维数组 a 中存放有 10 个整数{6,2,5,4,1,9,0,8,3,7},用选择法对该数组进行升序排序。要求对数组元素的访问用指针实现。将程序保存在文件 exec6_3_5.c 中。

【例 6.4】　分析下面程序的运行结果。

```
#include <stdio.h>
main( )
{
    char a[]="ab123cd", * p;
    int i;
    p=a;
    for(i=0; * (p+i)!='\0';i++)
        if( * (p+i)>='0'&& * (p+i)<='9')
            printf("%c", * (p+i));
}
```

程序的运行结果是:

123

【程序分析】

本例中先定义了一个字符数组(相当于字符串)a,p是指向字符型数据的指针变量。p指向数组a的第一个元素。循环终止的条件是,p所指向的字符是字符串结束标志'\0'。条件表达式*(p+i)>='0'&&*(p+i)<='9'判断p所指向的字符是否是一个数字字符,如果是数字字符,则输出该数字字符。该程序的功能是输出字符串a中所有的数字字符。

【想一想】 例6.4中,若要求输出字符串中所有的英文字母,程序如何修改?如果对数组元素的引用不使用指针而是使用数组名加下标的方式,程序如何修改?

【随堂实训6.10】 分析下面程序,并写出运行结果。

程序如下:

```
#include <stdio.h>
main( )
{
    int i;
    char str[] = "aBcDeF", * p;
    p = a;
    for(i = 0; * (p + i)! = '\0';i + + )
        if( * (p + i)> = 'a'&& * (p + i)<= 'z')
            printf(" %c", * (p + i));
}
```

【随堂实训6.11】 分析下面程序,并写出运行结果。

程序如下:

```
#include <stdio.h>
main( )
{
    char str[] = "abc * * d * e", * p;
    for(p = a; * p! = '\0';p + + )
        if( * p = = ' * ')
        {
            continue;
            printf(" %c", * p);
        }
}
```

【想一想】 随堂实训6.10和6.11中,对字符串的访问使用了不同的方法。这两种用指针访问字符串的方法各有什么特点?

【随堂实训6.12】

从键盘输入一系列字符,统计这个字符串中有多少个英文字母,有多少个数字字符,有多少个其他字符。将程序保存在文件exec6_3_8.c中。

【随堂实训6.13】

从键盘输入两个字符串,第一个字符串保存到字符数组a中,第二个字符串保存到字符数组b中。将第二个字符串连接到第一个字符串的后面。要求不能使用系统提供的字

符串连接函数 strcat(),对字符数组元素的引用用指针实现。将程序保存在文件 exec6_3
_9.c 中。

6.4 指针与函数

指针作为函数参数是 C 语言编程中经常用到的。先将这部分在此列出,是为了让读
者了解其重要性。读者可在学完第七章函数后,再返回来看此节内容,届时会有更深刻的
感触。

【例 6.5】 分析下面程序的运行结果。

```
#include <stdio.h>
void fun(int *pa,int *pb);
main()
{
    int a,b;
    a=3;
    b=5;
    fun(&a,&b);
    printf("a=%d,b=%d\n",a,b);
}
void fun(int *pa,int *pb)
{
    int tmp;
    tmp=*pa;
    *pa=*pb;
    *pb=tmp;
}
```

程序的运行结果是:

a=5,b=3

【程序分析】

本例中 a、b 是整型变量,a 的值是 3,b 的值是 5。在 main 函数中调用 fun()函数,以
变量 a、b 的地址为参数。fun()函数的两个形参是两个整形指针 pa、pb,fun()函数的功
能是交换 pa 和 pb 所指向的变量的值。调用 fun()函数后,a、b 的值被交换。最后 a 的值
是 5,b 的值是 3。这种方式不需要 fun()函数有返回值就能改变 main 函数中变量的值,
而且能改变多个变量的值。

【例 6.6】　分析下面程序的运行结果。

```c
# include <stdio.h>
int sum(int * pa,int n);
main( )
{
    int a[] = {1,3,5,7,9},s;
    s = sum(a,5);
    printf("s = %d\n",s);
}
int sum(int * pa,int n)
{
    int result,i;
    for(result = 0,i = 0;i<n;i + +)
        result + =  * (pa + i);
    return result;
}
```

程序的运行结果是：

```
s = 25
```

【程序分析】

本例中 main 函数调用 sum()函数时提供了两个参数：一个是整型数组的首地址 a，一个是数组元素的个数 5。sum()函数有两个形参：一个是整型指针 pa，一个是整型变量 n，功能是求从 pa 地址开始的 n 个整型数据的和。所以，sum()函数将求 main 函数中定义的数组 a 中的 5 个元素的和并返回给变量 s，结果为 $1+3+5+7+9=25$。

【想一想】　函数 sum()是如何共享到 main()函数中的数据的？如果不用指针作为函数参数，还有什么方法？

【随堂实训 6.14】　分析下面程序，并写出运行结果。

程序如下：

```c
# include <stdio.h>
void fun(int * pa,int n);
main( )
{
    int a[] = {1,2,3,4,5},i;
    fun(a,5);
    for(i = 0;i<5;i + +)
        printf("%d ",a[i]);
}
void fun(int * pa,int n)
{
    for(result = 0,i = 0;i<n;i + +)
        * (pa + i) =  (pa + i) * 2;
    return;
}
```

【随堂实训 6.15】　已知 main()函数中定义了"int a[]={2,4,6,8,10};",在 main()
函数中调用函数 findMax(),求数组 a 中的最大数并输出。main()函数已经给出,请继续
完成 findMax()函数的定义。将程序保存在文件 exec6_4_2.c 中。

```
#include <stdio.h>
int * findMax(int * pa,int n);
main()
{    int a[]={2,4,6,8,10}, * max;
    max = findMax(a,5);
    printf(" % d ", * max);
}
int * findMax(int * pa,int n){

}
```

示例程序如下:

```
#include <stdio.h>
int * findMax(int * pa,int n);
main()
{
    int a[]={1,3,2,17,9}, * pmax;
    pmax = findMax(a,5);
    printf("max = % d\n", * pmax);
}
int * findMax(int * pa,int n)
{
    int * pmax,i;
    pmax = pa;
    for(i = 0;i<n;i + +)
        if( * pmax< * (pa + i))
            pmax = pa + i;
    return pmax;
}
```

程序的运行结果是:

```
max = 17
```

【程序分析】

本例中 main 函数调用 findMax()函数时提供了两个参数:一个是整型数组的首地址
a,一个是数组元素的个数 5。findMax()函数有两个形参:一个是整型指针 pa,一个是整
型变量 n,功能是求从 pa 地址开始的 n 个整型数据中的最大数,返回该最大值元素的地
址。本例中是返回 a[3]元素的地址。

【随堂实训 6.16】　分析下面程序,并写出运行结果。

程序如下:

```
#include <stdio.h>
char * fun(char * pa,char c);
```

```
main( )
{
    char str[] = "good morning", * pc;
    pc = fun(str, 'm');
    printf(" % c", * pc);
}
char * fun(char * pa,char c)
{
    for(; * pa! = c&& * pa! = '\0';pa + + )
        return pa;
}
```

【例 6.7】 分析下面程序的运行结果。

```
# include <stdio. h>
int sum(int  * pa, int n);
int mul(int  * pa, int n);
main( )
{
    int a[] = {1,2,3,4,5},result1,result2;
    int ( * pf)(int  * pa, int n);
    pf = sum;
    result1 = ( * pf)(a,5);
    printf("result1 = % d\n",result1);
    pf = mul;
    result2 = ( * pf)(a,5);
    printf("result2 = % d\n",result2);
}
int sum(int  * pa, int n)
{
    int result,i;
    for(result = 0,i = 0;i<n;i + + )
        result + =  * (pa + i);
    return result;
}
int mul(int  * pa, int n)
{
    int result,i;
    for(result = 1,i = 0;i<n;i + + )
        result * =  * (pa + i);
    return result;
}
```

程序的运行结果是：

```
result1 = 15
result2 = 120
```

【程序分析】

本例中 main 函数中定义:"int (* pf)(int ,int);",所定义的 pf 是一个函数指针,先指向函数 sum( ),通过(*)pf( )方式调用所指向的函数,求数组各元素之和。后来 pf 指向函数 mul(),通过(*)pf( )方式调用所指向的函数,求数组各元素的乘积。

【随堂实训 6.17】 分析下面程序,若程序输入为 u,写出运行结果。

程序如下:

```c
# include <stdio.h>
# include <ctype.h>
void upper(char * pa);
void lower(char * pa);
main( )
{
    char a[] = "abcDEF",c;
    void ( * pf)(char * pa);
    c = getchar();
    switch(c)
    {
        case 'U':
        case 'u':pf = upper;break;
        case 'L':
        case 'l':pf = lower;break;
        default:printf("");
    }
    ( * pf)(a);
}
void upper(char * pa)
{
    int i;
    for(i = 0; * (pa + i)! = '\0';i + +)
        putchar(upper( * (pa + i)));
    return ;
}
void lower(char * pa)
{
    int i;
    for(i = 0; * (pa + i)! = '\0';i + +)
        putchar(lower( * (pa + i)));
    return ;
}
```

第7章 函 数

本章知识要点：

1.函数的概念、定义；

2.简单函数调用；

3.数组做实参；

4.函数的嵌套调用；

5.函数的递归调用；

6.变量的存储类别及作用域。

7.1 函数的概念、定义

本节知识要点：

1.了解函数的概念以及分类；

2.掌握函数的定义；

3.理解函数的四要素：

(1)功能:使用函数的目的(处理过程做什么)；

(2)名称:决定调用的方式(函数名称)；

(3)自变量:确定需要从外部指定的数据(参数)；

(4)函数值:是否需要单一的计算结果(返回值)。

7.1.1 函数的概念及分类

函数是 C 程序的组成单位。一个 C 程序由一个主函数(main)和其他若干个函数组成。每个函数实现一定的功能,相当于一个模块。函数的定义形式如下:

类型名　函数名(形式参数表列)　　/ * 函数首部 * /

```
{
    定义部分
    语句部分          函数体
}
```

对应上面的定义形式,总结出函数的四要素,以便于理解和比较:

(1)功能:使用函数的目的(处理过程做什么)——函数体;

(2)名称:决定调用的方式(函数名称)——函数名;

(3)自变量:确定需要从外部指定的数据(参数)——形式参数表列;

(4)函数值:是否需要单一的计算结果(返回值)——类型名。

7.1.2 函数的分类

C 语言中的函数分为三类:

(1)主函数 main;

(2)用户自定义函数;

(3)C 语言提供的库函数,如 scanf(),printf()等。

【例 7.1】 一个简单 C 程序示例。

```
# include <stdio.h>
main()
{
    printf("hello!");
}
```

【程序说明】

(1)C 程序的执行从 main()函数开始,在执行过程中可以调用其他函数,调用结束后流程返回 main()函数,最后在 main()函数中结束整个程序。

(2)main()函数可以调用其他函数。其他函数间可以互相调用,但是不能调用 main()函数。一个函数可以被多次调用。

(3)main()函数也是函数,本程序对应的四要素如下:

功能:使用函数的目的(处理过程做什么)——输出"hello!"在屏幕上;

名称:决定调用的方式(函数名称)——main();

自变量:确定需要从外部指定的数据(参数)——无;

函数值:是否需要单一的计算结果(返回值)——省略。

【例 7.2】 编写一个用户自定义的函数,实现计算两个整数的和。

```
# include <stdio.h>
int add(int x, int y)
{
    int z;
    z = x + y;
    return z;
}
```

```
main( )
{
    int a,b,c;
    scanf("%d%d",&a,&b);
    c = add(a,b);
    printf("%d\n",c);
}
```

【程序说明】

(1)C 程序的执行从 main()函数开始,在执行过程中可以调用其他函数,调用结束后返回 main()函数,最后在 main()函数中结束整个程序。如图 7-1 所示。

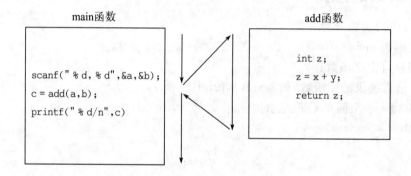

图 7-1　函数调用过程示意图

(2)执行到"c＝add(a,b);"时,a 的值传递给 x,b 的值传递给 y,这样求 a、b 的和等同于求 x、y 的和,如图 7-2 所示。

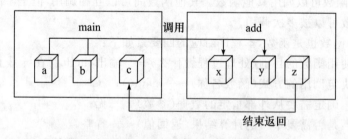

图 7-2　函数调用过程中参数传递示意图

(3)分析一下函数 add()的四要素。

功能:使用函数的目的(处理过程做什么)——计算两个整数的和;

名称:决定调用的方式(函数名称)——add(int x ,int y);

自变量:确定需要从外部指定的数据(参数)——两个整数;

函数值:是否需要单一的计算结果(返回值)——整数。

【随堂实训 7.1】

请编写一个函数,实现计算某个整数的平方和,并分析此函数的四要素。

【例 7.3】 编写程序,调用库函数 pow,计算 x^y 的值。

```
# include <stdio.h>
# include <math.h>
main()
{
    double x,y,z;
    printf("input data:");
    scanf("%lf%lf",&x,&y);
    z = pow(x,y);
    printf("\n%lf",z);
}
```

【程序说明】

(1)由于函数已由系统提供,用户不必考虑它如何编写,只需按函数所需格式使用即可,这样的函数称为库函数。程序中的 pow(x,y)是 C 语言提供的库函数,其功能是计算 x^y 的值,因此,在程序文件的开始加命令行 # include <math.h>。另外,请读者思考,为什么还要写 # include <stdio.h>命令? 原因在于 scanf()函数与 printf()函数是输入输出库函数。

(2)库函数的使用要根据函数定义形式而定,如本例中的 pow 函数,要求参数类型是 double 型,计算结果也是 double 型,否则不能得到正确结果。

根据前面的介绍,对函数定义的总结如下:

(1)类型标识符

类型标识符表示函数的类型,是函数运行结果的数据类型,可以是任何一种有效的类型,如 int、float 等。

类型标识符缺省时函数是整型,即如果一个函数定义时不写类型标识符,那么它的类型为整型。

如果一个函数不需要向调用者返回运行结果,那么它的类型标识符应为 void,且不可省略 void。

(2)函数名

函数名用来标识函数。

函数的命名要符合 C 语言规定的标识符命名规则,函数名字必须唯一,不能与函数体内变量或形式参数名相同。

(3)形式参数表列

形式参数表列可以包含一个或多个变量,这些变量称为形式参数,形式参数之间用逗号隔开。

形式参数用于接收主调函数传递过来的值,如"int max(int x ,int y);"。

如果一个函数不需要从主调函数接收值,那么它的参数表列可以为空,仅写一个( )即可,但( )不能省略。如:

```
void f()
{
    printf("hello");
}
```

(4)函数体

函数体是由花括弧括起来的语句,用来实现函数的功能。

如果一个函数不执行任何功能,称为空函数,此时函数体内没有任何语句。例如函数 f() { }。空函数的主要作用在于编写程序时留下空缺,当需要添加该函数功能时补上内容即可。空函数的使用对设计程序或者调试都极为方便。

【随堂实训 7.2】

(1)编写函数 star1,实现输出若干个 * 在屏幕上。分析函数四要素:

　　功能:输出若干个 * 在屏幕上

　　名称:star1

　　自变量:无

　　函数值:无

(2)编写函数 star2,实现输出 n 个 * 在屏幕上。分析函数四要素:

　　功能:输出 n 个 * 在屏幕上

　　名称:star2

　　自变量:n(为整数)

　　函数值:无

(3)编写函数输出一行 *,主函数调用该函数多次,输出由 * 组成的矩形。比如:

```
* * * * * * * * * * * * * * * * * * * * * * * * * * * * * * *
* * * * * * * * * * * * * * * * * * * * * * * * * * * * * * *
* * * * * * * * * * * * * * * * * * * * * * * * * * * * * * *
* * * * * * * * * * * * * * * * * * * * * * * * * * * * * * *
```

(4)编写函数 oper,实现某种四则运算,参数形式给定:int x, int y, int op。提示:x, y 为运算数,op 为整数,1 代表+,2 代表-,3 代表*,4 代表/,其他的为无效运算。

7.2　简单函数调用

本节知识要点:

　　1.掌握函数的调用形式和方式;

　　2.掌握函数的声明。

7.2.1　函数调用的形式

函数调用的一般形式为:

函数名(实参表列);

如果调用无参函数,则"实参表列"可以没有,但圆括弧不能省略。

函数调用的方式如下:

方式一:函数语句,把函数调用作为一个语句,如:star();

方式二:函数表达式,函数出现在一个表达式中,如:c=max(a,b);

方式三:函数参数,函数调用作为一个函数的实参,如:d=max(c,max(a,b));

【例 7.4】　输入三个整数 a,b,c,求最大的数。编写函数实现。

解法一:

```c
#include <stdio.h>
int max(int x,int y)
{
    return (x>y? x:y);
}
main()
{
    int a,b,c,max_num;
    printf("input a,b,c:");
    scanf("%d%d%d",&a,&b,&c);
    max_num = max(a,b);     /* 返回 a,b 中的较大数 */
    max_num = max(c,max_num);   /* 返回三个数中的最大数 */
    printf("max = %d",max_num);
}
```

解法二:

```c
#include <stdio.h>
int max(int x,int y)
{
    if(x>y)    return x;
    else       return y;
}
main()
{
    int a,b,c,max_num;
    printf("input a,b,c:");
    scanf("%d%d%d",&a,&b,&c);
    max_num = max(c,max(a,b));
    printf("max = %d",max_num);
}
```

【程序说明】

(1)无返回值函数的调用采用第一种方式,函数语句;有返回值函数的调用,一般采用另外两种方式。

(2)函数可以一次定义,多次调用。

【随堂实训 7.3】

(1)编写程序完成以下功能:在主函数中通过键盘输入 x 的值,调用函数对 x 进行判断,如果 x 的值大于 0,返回 1,否则返回 0。在主函数中输出返回信息。

(2)已有函数调用语句"c=add(a,b);",请编写 add 函数,计算两个整数 a 和 b 的和,并返回和值。

```
int add(int x,int y)
{
    _____;
}
```

(3)分析以下程序的运行结果。

```
void fun(int x, int y, int z)
{ z = x * x + y * y; }
main()
{
    int a = 31;
    fun(5,2,a);
    printf("%d",a);
}
```

7.2.2　函数声明

通常在函数被调用之前,应该让编译器知道函数的类型、参数个数、参数类型及参数顺序等信息,以便让编译器利用这些信息去检查函数调用的合法性,保证参数的正确传递。

为了便于程序的阅读和维护,结构化程序设计提倡将被调用函数的定义写在主调函数的后面,而在主调函数的前面写出被调用函数的函数声明(function declaration),所谓函数声明是对函数的类型、名字、参数个数和顺序的一个说明。

函数声明的一般形式是:

<类型标志符>　　　<函数名>([<参数表列>]);

其中方括号[]表示可选项。

【注意】　最后一个分号";"不可少,这是编译程序时用来区分函数声明和函数定义的标志。即有分号表示函数声明,无分号表示函数定义。

综上所述,在调用函数之前,必须有相应的函数说明或函数定义。在实际应用中,以下三种情况可以省略对被调函数的声明:

(1)被调函数的定义在主调函数之前。

(2)被调函数的返回类型是 int 型或 char 型。

(3)在所有函数定义之前,在主调函数的外部已作了对被调函数的声明,则主调函数内可以不必再次声明。

因此,在一个函数中调用另一个函数需要具备如下条件:

(1)首先被调函数必须存在,不管它是库函数还是自定义函数。

(2)如果是库函数,一般应在文件开头用♯include 命令将调用该库函数所需要的信息"包含"到文件中来。例如,当用到求开方函数 sqrt( )时,需要加上:

```
# include <math.h>
```

(3)如果是自定义函数,应该有函数声明。

【例 7.5】　输入两个数,求这两个数的较小者。

```
# include <stdio.h>
int min(int a, int b);
main()
{
    int minnum,x,y;
    printf("input x,y:");
    scanf("%d%d",&x,&y);
    minnum = min(x,y);
    printf("min_num = %d",minnum);
}
int min(int a,int b)
{
    if(a<b)
        return a;
    else
        return b;
}
```

【程序说明】

(1)例 7.5 的程序运行正常,原因在于 min 函数的返回类型为 int 型;

(2)如果将上述程序修改为:

```
# include <stdio.h>
main()
{
    double minnum,x,y;
    printf("input x,y:");
    scanf("%lf%lf",&x,&y);
    minnum = min(x,y);
    printf("min_num = %lf",minnum);
}
double min(double a,double b)
{
    if(a<b)
        return a;
    else
```

```
        return b;
    }
```

则编译无法通过,此时,需在 #include <stdio. h>的下面增加函数声明语句:

```
double min(double a,double b);
```

(3)函数声明的分号一定要有。

7.3 数组作实参

本节知识要点:

1. 数组元素作实参;
2. 一维数组名作实参;
3. 二维数组名作实参。

7.3.1 数组元素作实参

【例 7.6】 调用函数求数组中前两个元素的和。

```
#include <stdio. h>
void mySum(int x,int y);
main()
{
    int a[3] = {1,2,3};
    mySum(a[0],a[1]);
}
void mySum(int x,int y)
{
    int z;
    z = x + y;
    printf(" %d",z);
}
```

程序的运行结果是:

3

【程序说明】

(1)数组元素是一个普通变量,因此数组元素作实参与普通变量做实参的情况类似。

(2)当数组中元素较多时,通常用数组名作实参的方法引用数组的所有元素。

【随堂实训 7.4】

(1)编写函数,输出数组元素中的最大数,假设定义数组的大小为 4。

(2)编写函数,将字符数组中的大写字母转为小写字母后输出。

7.3.2 一维数组名作实参

【例 7.7】 输入 10 个学生的成绩,用函数求平均成绩。

```
#include <stdio.h>
float ave(int a[],int size);
main()
{
    int i;
    int score[10];
    for(i=0;i<10;i++)
        scanf("%d",&score[i]);
    printf("ave=%f",ave(score,10));
}
float ave(int a[],int size)
{
    float sum=0;
    int i;
    for(i=0;i<size;i++)
        sum=sum+a[i];
    return sum/size;
}
```

程序的运行结果是：

输入：88 77 66 99 65 78 66 72 63 97

输出：ave=77.100000

【程序说明】

(1)本例中的 ave 是自定义函数，有两个形参：一个是 a，一个是 size。a 的数据类型是数组(int a[])，则函数调用时的实参一定是数组名(score)，注意是数组名，不是数组元素。size 是一个变量，所以，与它对应的实参是表达式的值。

(2)在函数定义和函数说明中数组的长度可以写也可以不写，因为调用与被调用函数存取的是相同的一组空间，是调用函数中定义的 score 数组，但是多维数组只能省略第一维的长度定义。

(3)如图 7-3 所示，假设 score 数组分配的空间从 2000 开始，则 score 本身存储的是 2000，函数调用时，将 2000 这个地址值传递给了 a，a 存储的内容也变成了 2000。因此，随后被调用函数对 a 的任何操作都是对 score 数组的操作。

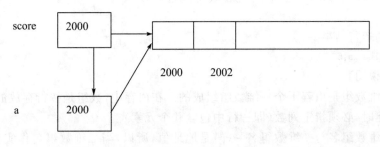

图 7-3　一维数组名作实参的参数传递示意图

【随堂实训 7.5】

(1)假设一维数组中存放互不相同的 10 个数,要求输入一个下标值后,从数组中删除该下标对应的元素。要求编写两个函数:一个删除数组元素,另一个输出所有数组元素。

(2)用选择法将 10 个数按从小到大的顺序进行排序。要求编写函数实现选择排序算法。

(3)编写函数,实现字符串逆置(反序存放)。即在主函数中输入字符串,调用函数将字符串逆置。

7.3.3　二维数组名作实参

多维数组元素可以作为实参,这点与前述相同。

可以用多维数组名作为实参和形参,在被调用函数中对形参数组定义时可以指定每一维的大小,也可以省略第一维的大小说明,如:

```
int array[3][10];
int array[][10];
```

但是不能把第二维以及其他高维的大小说明省略,如下面是不合法的:

```
int array[][];
```

【例 7.8】　有一个 3×4 的矩阵,求所有元素中的最大值。

```c
# include <stdio.h>
int max_value(int array[][4])
{
    int i,j,k,max;
    max = array[0][0];
    for(i = 0;i<3;i + + )
        for(j = 0;j<4;j + + )
        {
            if(array[i][j]>max)
                max = array[i][j];
        }
    return max;
}
main()
{
    int a[3][4] = {{1,3,5,6},{2,3,6,9},{11,23,45,67}};
    printf("max_value is : % d",max_value(a));
}
```

程序的运行结果是:

```
max_value is:67
```

【程序说明】

(1)二维数组是由若干个一维数组组成的。在内存中,数组是按行存放的,因此,在定义二维数组时,必须指定列数(即一行中包含几个元素)。

(2)二维数组名与一维数组名一样,是地址值,所以,当二维数组名作实参时,对应的形参也应该是指针变量。

【随堂实训 7.6】

(1)调用函数,输出二维数组元素的值。

(2)编写函数,计算二维数组中除周边元素外的其他元素之和。

7.4　函数嵌套调用

本节知识要点:

　函数嵌套调用。

在 C 语言中,函数是并列的、独立的一个一个模块,通过调用与被调用相关联。在一个函数定义中不可以定义另一个函数,但是允许在一个函数中调用另一个函数,这就是所谓的函数定义不可以嵌套,函数调用则允许嵌套。

【例 7.9】　函数的嵌套调用。

```
#include <stdio.h>
void prnGraph();
void prnLine();
main()
{
    int i,j;
    putchar('\n');
    for(i = 0;i<3;i + +)
    {
        for(j = 0;j<3;j + +)
            prnGraph();
        putchar('\n');
    }
}
void prnGraph()
{
    putchar('*');
    prnLine();
}
void prnLine()
{
    putchar('-');
}
```

程序的运行结果是:

* — * — * —

* — * — * —

* — * — * —

【程序说明】

(1)本例的调用关系如图 7-4 所示。

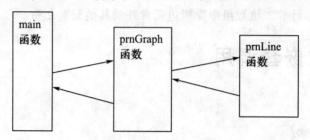

图 7-4　函数嵌套调用示意图

【随堂实训 7.7】

(1)编写程序实现：$s=1!+2!+\cdots+n!$。要求：编写函数 fac(int n)，计算 n 的阶乘；编写函数 facSum(int n)，计算 $1!+2!+\cdots+n!$，其中每个阶乘都是通过调用 fac()实现的。

(2)编写函数 mySum，用来求 $\sum f(i)$，其中 i 从 0 变化到 n，$f(i)=i+5$。

7.5　函数递归调用

本节知识要点：

　　1.函数递归调用概念及特点；
　　2.函数递归调用举例。

7.5.1　函数递归调用概念及特点

(1)递归的概念

所谓函数的递归调用，是指一个函数在它的函数体内，直接或间接地调用该函数本身。能够递归调用的函数是一种递归函数。例如：

```
long fac(int n)
{
    long s;
    if(n<= 1)
        s = 1;
    else
        s = n * fac(n - 1);
    return s;
}
```

在调用函数 fac 的过程中，又要调用 fac 函数，这是直接调用该函数本身，如图 7-5 所示。

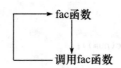

图 7-5 直接调用函数本身示意图

在调用 f1 函数过程中要调用 f2 函数,而在调用 f2 函数过程中又要调用 f1 函数,如图 7-6 所示。

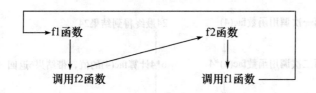

图 7-6 两个函数互相调用示意图

从上图可以看到,这两种递归调用都是无终止的自身调用。显然,程序中不应出现这种无终止的递归调用,而只应出现有限次的、有终止的递归调用,这可以用 if 语句来控制。只有在某一条件成立时才能继续执行递归调用,否则就不再继续。

(2)递归的算法描述

从程序设计的角度考虑,递归算法涉及两个问题:一是递归公式,二是递归终止条件。递归的过程可以这样描述:

if (递归终止条件) return (终止条件下的值);

else return (递归公式);

7.5.2 递归函数举例

【例 7.10】 用递归的方法计算 n 的阶乘 $n!$。

```
#include <stdio.h>
long fac(int n)
{
    long s;
    if(n<= 1)
        s = 1;
    else
        s = n * fac(n - 1);
    return s;
}
void main()
{
```

```
    int num;
    printf("input num:");
    scanf(" % d",&num);
    printf(" % d! = % ld",num,fac(num));
}
```

程序的运行结果是：

```
input num:3
3! = 6
```

【程序说明】

(1)以计算 4! 为例,来说明递归函数的调用过程,如图 7-7 所示。

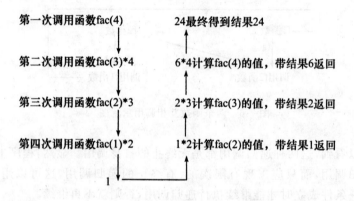

图 7-7　计算 4!的递归函数调用过程

(2)递归的执行过程可以分两步:一是递归过程,二是回溯过程。

【随堂实训 7.8】

(1)编写函数,通过递归调用实现求 x 的 n 次方。

(2)有 5 个人坐在一起,问第五个人多少岁,他说比第四个人大 2 岁;问第四个人多少岁,他说比第三个人大 2 岁;问第三个人,他说比第二个人大 2 岁;问第二个人,他说比第一个人大 2 岁;最后问第一个人,他说是 10 岁。请问第五个人多少岁?

(3)用递归的方法求斐波纳契级数,n 阶斐波纳契级数的公式为:

$$f(n) = \begin{cases} 1 & \text{当 } n=1 \text{ 或 } 2 \text{ 时} \\ f(n-1) + f(n-2) & \text{当 } n>2 \text{ 时} \end{cases}$$

7.6　变量的存储类别及作用域

本节知识要点:

　1.内部变量和外部变量;

　2.动态存储变量和静态存储变量。

7.6.1 内部变量和外部变量

变量必须先定义后使用。变量的定义可以在函数内部、函数外部和复合语句内部。如果变量的定义在某函数或复合语句内部,则称该变量为内部变量(也称局部变量);如果变量的定义在所有函数外部,则称该变量为外部变量(也称全局变量)。

【例 7.11】 编写一个使用内部变量与外部变量的程序。

```
# include <stdio.h>
int a = 100,b = 10;
main()
{
    int a = 12,c;
    c = a + b;
    printf(" % d",c);
    {
        int a = 1,b = 1;
        c = a + b;
        printf(" % d",c);
    }
    printf(" % d",a + b);
}
```

程序的运行结果是:

22   2   22

【程序说明】

(1)在函数的外部定义了两个变量 a 和 b(外部变量),并分别赋初值 100 和 10,它们从定义位置开始到程序结束为止一直占有存储单元,其使用范围是定义位置以后的所有函数,但不包括有同名变量定义的函数和复合语句。

(2)在主函数的开头定义了内部变量 a,它从定义位置开始到主函数结束为止一直占有存储单元,其使用范围是本函数,但不包括有同名变量定义的复合语句。变量 b 没有重新定义,所以系统认为 b 是外部变量,因此第一个输出值为 22。

(3)主函数中有复合语句,在其中定义了内部变量 a 和 b,它们从定义位置开始到复合语句结束为止一直占有存储单元,所以,第二个输出为 2。

(4)退出复合语句后,复合语句内定义的变量已无效,所以第三个输出为 22。

(5)内部变量与外部变量的比较:

从变量占用存储单元的角度看,复合语句内定义的变量占用存储单元的时间最短,外部变量最长。

从可读性的角度看,使用内部变量容易阅读,外部变量则不然。

从出错的角度看,使用外部变量容易因疏忽或使用不当而导致外部变量中的值意外改变,从而引起副作用,产生难以查找的错误。

从通用性的角度看,外部变量必须在函数外部定义,降低了函数的通用性,影响了函数的独立性。

7.6.2 动态存储变量和静态存储变量

动态存储变量(也称自动变量)是指那些当程序的流程转到该函数时才开辟内存单元,执行结束后又立即被释放的变量;静态存储变量则是指整个程序运行期间分配固定存储空间的变量。

【例 7.12】 编写一个使用动态存储变量和静态存储变量的程序。

```c
#include <stdio.h>
int myFun();
main()
{
    int i,a;
    for(i = 1;i <= 2;i + +)
    {
        a = myFun();
        printf("%4d",a);
    }
}
int myFun()
{
    auto int x = 2;
    static int y = 2;
    x = x + 1;
    y = y + 1;
    return x + y;
}
```

程序的运行结果是:
6 7

【程序说明】

(1)用 auto 说明的变量是动态存储变量,auto 可以省略,因此,main 函数中的 i,a 都是动态存储变量。

(2)用 static 说明的变量是静态存储变量,myFun 函数中的 y 是静态存储变量。

(3)静态存储变量在编译时被赋初值,若未赋值,系统自动赋 0;动态存储变量则在运行时被赋值,若未赋值,动态存储变量将有一个不确定的值。

(4)如果函数被多次调用,其中的静态存储变量将保留前一次的计算值,动态存储变量因存储单元被释放而不能保留前一次的值。

7.7 项目训练

项目训练 1:

【问题定义】

编写一个判断素数的函数,在主函数输入一个整数,输出其是否素数的信息,如果是素数,则返回 1,否则返回 0。

【项目分析】

(1)要定义一个函数,能够判断传入的整数是否为素数,如果是素数,则返回 1,否则返回 0。

(2)要编写主函数,能够接收整数、调用判断素数的函数,并输出有价值的信息。

【项目设计】

(1)判定一个整数 n 是否为素数可参考如下算法:

/ * 判断 n 是否为素数 * /

首先,通过循环语句,用 i 分别等于 $2,3,4,\cdots,n-1$ 去尝试,如果 n 能把其中某一个 i 整除,则结束循环;

然后,在循环语句结束后,将 $n-1$ 与 i 进行比较,如果 $i>n-1$ 则表明 n 为素数,否则 n 不是素数。

(2)判断素数的函数分析如下:

首先,函数类型标志符要能够返回运行结果,即 0 或者 1,应该是什么类型?

其次,函数名要体现函数的功能,建议使用 prime。

最后,形式参数用来存储要判断是否是素数的数据,应该是什么类型? 有几个形式参数?

(3)main 函数要实现的功能如下:

首先,能够接收任何键盘输入的合理的数据 num;

其次,调用 result=prime(num),并用 result 存储返回的结果;

最后,通过判断 result 的值,输出相应的信息到屏幕上。

【项目实现】

请读者根据项目设计自行完成此项目的编码。

【项目测试】

完成编码后,可输入以下几个数据来测试程序,并对比预期输出结果,查看程序执行是否正确。也可以自行设计更多的数据来测试程序,并将测试结果记录在表中。

表 7-1　　　　　　　　　　　　　　　　测试用例

问题	编写一个判断素数的函数,在主函数输入一个整数,输出其是否素数的信息			
开发人员		日　期		
序号	输入数据	预期输出	实际输出	备注
1	3	素数		代表素数
2	4	非素数		代表非素数

项目训练 2:

【问题定义】

编写几个函数:(1)输入 10 个整数;(2)将这 10 个数由小到大排序;(3)要求输入一个整数,找出该数在数组中的下标值,如果数组中不存在该数,则提示:没找到。

【项目分析】

(1)要定义 3 个函数,分别实现输出、排序以及查找功能;

(2)需要使用数组来存储数据,数组长度至少为 10;

(3)需要主函数调用各函数,且交互信息友好。

【项目设计】

(1)输入数据的功能在主函数中实现,程序如下:

```
int i;
int a[10];
printf("input 10 integers:\n");
for(i = 0;i<10;i+ +)
{
    printf("NO. % d:",i+1);
    scanf("% d",&a[i]);
}
```

(2)排序函数的形式参数是一维数组及该数组中元素的个数,函数格式如下:

```
void orderData(int p[ ], int n)
{


}
```

(3)输出函数的形式参数是一维数组及该数组中元素的个数,函数格式如下:

```
void outputData(int p[ ], int n)
{


}
```

(4)查找函数的形式参数有三个,分别是一维数组、该数组中元素的个数及要查找的数值,函数格式如下:

```
int searchData(int p[ ], int n, int num)
{


}
```

【项目实现】

请读者根据项目设计自行完成此项目的编码。

【项目测试】

完成编码后,可自行设计数据来测试程序,并对比预期输出结果,查看程序执行是否正确,将测试结果记录在表中。

表 7-2 测试用例

问题	编写几个函数:(1)输入 10 个整数;(2)将这 10 个数由小到大排序;(3)要求输入一个整数,找出该数在数组中的下标值,如果数组中不存在该数,则提示:没找到			
开发人员		日 期		
序号	输入数据	预期输出	实际输出	备注
1				输入正确数据
2				输入类型错误数据
3				输入含相同值数据
4				查找存在数值
5				查找不存在数值

第 8 章　结构体与文件

本章知识要点：

1. 结构体类型变量的定义和使用；
2. 结构体类型数组的定义和使用；
3. 结构体指针变量的定义和使用；
4. 结构体和函数调用；
5. 链表；
6. 文件的概念和基本操作。

8.1　结构体类型变量的定义和使用

本节知识要点：

1. 结构体类型声明；
2. 结构体类型变量的定义和使用。

8.1.1　结构体类型的声明

结构体类型声明的一般形式为：

struct 结构体名称｛　　　　　　　/＊struct 是结构体类型标识关键字 ＊/

　　　类型名 1　成员名表 1；

　　　类型名 2　成员名表 2；/＊成员的类型可以是已经声明的任何类型＊/

　　　…　　　…

　　　类型名 n　成员名表 n；

｝；

【例 8.1】　我们可以用一个名为 student 的结构体类型来描述一个学生的基本信息。

程序如下：

```
struct student {
    char name[20]; /*存放学生的姓名*/
    char sex; /*存放学生的性别*/
    float score;       /*存放学生的成绩*/
};
```

8.1.2　结构体类型变量的定义

定义结构变量有以下三种方法。下面以前面声明的 student 为例来加以说明。

(1)先声明结构，再定义结构变量。例如：

```
struct student{
    char name[20];
    char sex;
    float score;
};
struct student stu1, stu2;
```

定义了两个变量 stu1 和 stu2，为 student 结构体类型。

(2)在定义结构类型的同时声明结构变量。例如：

```
struct student{
    char name[20];
    char sex;
    float score;
} stu1, stu2;
```

(3)直接定义结构变量。例如：

```
struct {
    char name[20];
    char sex;
    float score;
} stu1, stu2;
```

在上述 student 结构体类型定义中，所有的成员都是基本数据类型或数组类型。成员也可以是一个结构，即构成了嵌套的结构。例如：

```
struct date {
    int month;
    int day;
    int year;
};
struct{
    char name[20];
    char sex;
    struct date birthday;
    float score;
} stu1, stu2;
```

8.1.3 结构变量的赋值

结构变量的赋值就是给各成员赋值,可用输入语句或赋值语句来完成。表示结构变量成员的一般形式如下:

结构变量名.成员名

【例 8.2】 给结构变量赋值并输出其值。

```
main(){
    struct student{
        char * name;
        char sex;
        float score;
    }stu1,stu2;

    stu1.name = "Zhang san";
    printf("input sex and score\n");
    scanf("%c %f",&stu1.sex,&stu1.score);
    stu2 = stu1;
    printf("name = %s\n", stu2.name);
    printf("sex = %c\n Score = %f\n",stu2.sex,stu2.score);
}
```

本程序中用赋值语句对 name 成员赋值,用 scanf 函数动态地输入 sex 和 score 成员值,然后把 stu1 的所有成员的值整体赋予 stu2,最后分别输出 stu2 各成员的值。

8.1.4 结构变量的初始化

【例 8.3】 外部结构变量初始化。

```
struct student {/ * 定义结构 * /
    char * name;
    char sex;
    float score;
} stu2,stu1 = {"Zhang san",'M',68.5};
main( ){
    stu2 = stu1;
    printf("name = %s\n", stu2.name);
    printf("sex = %c\n Score = %f\n",stu2.sex,stu2.score);
}
```

本例中,stu2,stu1 均被定义为外部结构变量,并对 stu1 作了初始化赋值。在 main 函数中,把 stu1 的值整体赋予 stu2,然后用两个 printf 语句输出 stu2 各成员的值。

【例 8.4】　静态结构变量初始化。

```
main( ){
    static struct stu{/*定义静态结构变量*/
        char * name;
        char sex;
        float score;
    } stu2 ,stu1 = {"Zhang san",'M',68.5};
    stu2 = stu1;
    printf("\nname = % s\n", stu2.name);
    printf("sex = % c\nScore = % f\n",stu2.sex,stu2.score);
}
```

本例是把 stu1,stu2 都定义为静态局部的结构变量,同样可以作初始化赋值。

8.1.5　简单应用举例

【例 8.5】　假设学生基本情况包括学号和两门成绩,编写程序计算某学生两门课程的平均成绩,并输出该学生的有关信息。

(1)设计数据结构

```
struct student {
    long num; /* 学号 */
    float first; /*第一门课程的成绩*/
    float second; /*第二门课程的成绩*/
}
```

(2)编写程序

```
# include <stdio.h>
/* 声明结构体类型 */
struct student {
    long num;
    float first;
    float second;
};
main( ){
    float ave;
    struct student wang; /*定义结构体类型变量*/
    wang.num = 2006020701;
    wang.first = 76.6; /* 结构体类型变量利用"."访问成员*/
    wang.second = 95;
    ave = ( wang.first + wang.second )/2;
    printf("学号    成绩1    成绩2    平均成绩\n");
    printf("% ld % f % f % f\n",wang.num,wang.first,wang.second,ave);
}
```

【随堂实训 8.1】

(1)假设有如下结构体类型说明：

```
struct test{
    int a;
    int b;
};
```

用一条语句定义上述结构体类型变量 x 和 y 的正确形式为_____;将 x 的成员 a 和 b 分别赋值为 3 和 5 的正确形式为_____;将 x 的成员 a 和 b 之和赋给 y 的成员 a 的正确形式为_____。

(2)若一首歌的基本信息有演唱者、作曲者和作词者，请定义一个结构体来描述它；编程利用它定义一个结构体变量并将其三个成员初始化。

(3)若一个老师的基本信息有姓名、性别、身高、体重和职称，请定义一个结构体来描述它；编程利用它定义一个结构体变量并利用输入函数给其成员赋值，最后输出该老师的基本信息。

(4)若要记录某位歌手出版的专辑的基本信息(专辑名称,发行的日期,歌曲的数量)，请定义一个结构体来描述它；编程利用它定义一个结构体变量并将其成员初始化。

8.2   结构体数组

本节知识要点：

1. 结构体数组的定义；
2. 结构体数组的应用。

8.2.1   结构体数组的定义

结构体数组的定义方法和结构变量相似，只需说明它的数组类型即可。例如：

```
struct student {
    char name[20];
    char sex;
    float score;
} stu[5];
```

定义了一个结构体数组 stu,共有 5 个元素,stu[0]~stu[4]。每个数组元素都具有 struct student 的结构形式。

8.2.2   结构体数组的初始化

对外部结构体数组或静态结构体数组可以作初始化赋值。

示例程序如下：

```
struct student {
    char name[20];
    char sex;
    float score;
} student[4] = {
    {"Li ping",'M',45},
    {"Zhang ping",'M',62.5},
    {"He fang",'F',92.5},
    {"Cheng ling",'F',87}
}
```

当对全部元素作初始化赋值时，也可以不给出数组长度。

8.2.3　结构体数组的应用

【例 8.6】　计算学生的平均成绩和不及格的人数。

```
struct student {
    char name[20];
    char sex;
    float score;
} stu[4] = {
    {"Li ping",'M',45},
    {"Zhang ping",'M',62.5},
    {"He fang",'F',92.5},
    {"Cheng ling",'F',87}
};
main( ) {
    int i,counter = 0;
    float ave, sum = 0;
    for(i = 0;i<4;i + + ){
        sum + = stu[ i ] . score;
        if (stu[i].score<60) counter + + ;
    }
    printf("sum = % f\n",sum);
    ave = sum/4;
    printf("average = % f\ncount = % d\n", ave, counter);
}
```

本例程序中定义了一个外部结构体数组 stu，共 4 个元素，并作了初始化赋值。在 main 函数中用 for 语句逐个累加各元素的 score 成员值存于 sum 之中，如 score 的值小于 60（不及格）则计数器 counter 加 1，循环完毕后计算平均成绩，并输出全班总成绩、平均成绩和不及格人数。

【例 8.7】 建立同学通讯录。

```c
# include <stdio.h>
# define NUM 3
struct mem {
    char name[20];      /* 姓名 */
    char phone[10];      /* 电话 */
};
main ( ) {
    struct mem man[NUM];
    int i;
    for(i = 0;i<NUM;i + +){
        printf("input name:\n");
        gets(man[i].name);
        printf("input phone:\n");
        gets(man[i].phone);
    }
    printf("name\t\t\tphone\n");
    for(i = 0;i<NUM;i + +)
        printf(" % s\t\t\t% s\n",man[i].name,man[i].phone);
}
```

本程序中定义了一个结构 mem,它有两个成员 name 和 phone,用来表示姓名和电话号码。在主函数中定义 man 为具有 mem 类型的结构体数组。在 for 语句中,用 gets 函数分别输入各个元素中两个成员的值。然后,在 for 语句中用 printf 语句输出各元素中两个成员的值。

【随堂实训 8.2】

(1)有如下结构体类型说明:

```c
struct example {
    char a[10];
    double b;
};
```

定义上述类型的长度为 10、名称为 test 的数组的正确形式为＿＿＿＿＿＿＿＿；引用 test 数组的第二个元素的成员 a 的最后一个元素的正确形式为＿＿＿＿＿＿＿＿。利用 scanf 函数将 test 的第一个成员赋值为"hello"的正确形式为＿＿＿＿＿＿＿＿。

(2)假设有如下结构体类型说明:

```c
struct teacher {
    char name[20];/ * 表示姓名 */
    int age; / * 表示年龄 */
};
```

编写一个程序,将 10 名老师的信息从键盘输入并存放在该类型定义的一个结构体数组中;然后从该数组中找出年龄最大的老师,最后输出该老师的信息。

(3)假设有如下结构体类型说明：

```
struct student {
    char name[20];/ * 表示姓名 * /
    char sex ; / * M 表示男性,F 表示女性 * /
    int age; / * 表示年龄 * /
};
```

编写一个程序将各 5 名男女学生的信息从键盘输入并存放在该类型定义的一个结构体数组中；然后从该数组中找出年龄最小的女生，最后输出该女生的信息。

(4)若老师的基本信息有姓名、性别、身高、体重和职称，请定义一个结构体来描述它；然后将 10 位老师的信息存放在这个结构体定义的数组中，最后将这 10 位老师的信息按身高排序后输出。

(5)为一个书店编写一个库存管理程序，书店库存的书用书名、出版社名、种类、单价和数量来表示。要求如下：

①定义一个结构体数组来存放库存的书的信息；

②编写一个函数 input()，输入现有库存的书的数据；

③编写一个函数 salebook()，向用户询问他需要购买的书的信息，并从库存中减去用户购买的书的数量，返回用户购买的书的总价格；

④编写主函数调用上述函数，使其构成一个简单的管理系统。

8.3　结构体指针变量

本节知识要点：

　　1.结构体指针变量的定义；

　　2.结构体指针变量的使用。

8.3.1　结构体指针变量的定义

结构体指针变量定义的一般形式为：

struct 结构体名 * 结构体指针变量名

与前面讨论的各类指针变量相同，结构体指针变量也必须赋值后才能使用。赋值是把结构体变量的首地址赋予该指针变量。

8.3.2　结构体指针变量的使用

有了结构体指针变量，就能更方便地访问结构体变量的各个成员。其访问的一般形式为：

(* 结构体指针变量) . 成员名

或为：

结构体指针变量 -> 成员名

例如：(*pstu).num 或者 pstu->num（假设 pstu 指向了一个结构体变量）

【注意】 (*pstu)两侧的括号不可少，因为成员符"."的优先级高于"*"。

【例 8.8】 假设学生基本情况包括学号和两门成绩，编写程序计算某学生两门课程的总成绩，并输出该学生的有关信息。

程序如下：

```
# include <stdio.h>
/* 声明结构体类型 */
struct student {
    long num; /* 学号 */
    float first; /* 第一门课程的成绩 */
    float last; /* 第二门课程的成绩 */
};
main( ){
    float total;
    struct student wang; /* 定义结构体类型变量 */
    struct student * p = &wang; /* 定义结构体类型指针变量并初始化 */
    wang.num = 2006041201;
    wang.first = 88.6; /* 结构体类型变量利用"."访问成员 */
    p->last = 94;        /* 结构体类型指针变量利用"->"访问成员 */
    total = p->first + (*p).last;
    printf("学号    成绩1    成绩2    总成绩\n");
    printf("%ld %f %f %f\n",wang.num,wang.first,wang.last,total);
}
```

【随堂实训 8.3】

(1)程序如下：

```
# include <stdio.h>
struct student{
    char name[20];
    int math;
};
main( ){
    struct student s = {"tom",90};
    struct student * p = &s;
    s.math = 80;
    printf ("%s\t", p->name);
    printf ("%d\n", (*p).math);
}
```

上面的程序正确的输出结果是什么？如果将倒数第二行改为"printf("%d\n", *p.math);"，结果会怎样？为什么？

（2）有如下定义：

```
struct {
    int x;
    char * y;
}tab[2] = {{1,"ab"}, {2,"cd"}}, * p = tab;
```

则：表达式 * p—>y 的结果是＿＿＿＿＿＿＿＿；

表达式 * （++p）—>x 的结果是＿＿＿＿＿＿＿。

（3）将随堂实训 8.2 中的（2）利用结构体指针变量实现。

（4）将随堂实训 8.2 中的（3）利用结构体指针变量实现。

（5）将随堂实训 8.2 中的（4）利用结构体指针变量实现。

8.4 结构体与函数调用

本节知识要点：

1. 结构体变量作为函数参数；

2. 结构体数组作为函数参数；

3. 结构体指针变量作为函数参数。

8.4.1 结构体变量（或变量的成员）作为函数参数

【例 8.9】 编写程序，输出一个结构体的所有成员。

```
# include <stdio.h>
struct student { / * 假设有这样的一个结构体 * /
    char name[20];
    char sex;
    int age;
};
void print( struct student stu){
    puts(stu.name);
    printf(" % c\n",stu.sex);
    printf(" % d\n",stu.age);
}
main( ){
    struct student st = {"tom",'M',20};
    print( st );
}
```

8.4.2 结构体数组作为函数参数

【例 8.10】 计算一组学生的平均成绩和不及格人数。用结构体数组作函数参数编程。

```
# include <stdio.h>
struct student {
    char name[20];
    char sex;
    float score;
} stu[4] = {
    {"Li ping",'M',45},
    {"Zhang ping",'M',62.5},
    {"He fang",'F',92.5},
    {"Cheng ling",'F',87}
};
void ave ( struct student * ps ){
    int counter = 0,i;
    float ave, sum = 0;
    for(i = 0;i<4;i + + ,ps + + ){
        sum + = ps - >score;
        if(ps - >score<60) counter + + ;
    }
    printf("sum = % f\n",sum);
    ave = sum/5;
    printf("average = % f\n counter = % d\n", ave, counter);
}
main( ){
    ave (stu);
}
```

8.4.3 结构体指针变量作为函数参数

【例 8.11】 计算一组学生的平均成绩和不及格人数。用结构体指针变量作函数参数编程。

```
# include <stdio.h>
struct student {
    char name[20];
    char sex;
    float score;
} stu[4] = {
    {"Li si",'M',68},
    {"Zhang san",'M',90.5},
    {"wang xiao er",'F',80},
    {"Chen lin",'F',43.5}
};
```

```
float ave ( struct student * ps ) {
    int counter = 0,i;
    float ave, sum = 0;
    for(i = 0;i<5;i + + ,ps + + ){
        sum + = ps - >score;
        if(ps - >score<60) counter + + ;
    }
    ave = sum/5;
    return ave;
}
main( ){
    struct student * ps ;
    float avescore;
    ps = stu;
    avescore = ave (ps);
    printf ( " % f\n", avescore);
}
```

【程序说明】

本程序中定义了函数 ave,其形参为结构体指针变量 ps。stu 被定义为外部结构数组,因此在整个源程序中有效。在 main 函数中定义说明了结构体指针变量 ps,并把 stu 的首地址赋予它,使 ps 指向 stu 数组。然后以 ps 作实参调用函数 ave。在函数 ave 中完成计算平均成绩和统计不及格人数的工作并输出结果。

【随堂实训 8.4】

(1)有如下程序:

```
# include <stdio.h>
struct stu {
    int x;
    char c;
};
void func(struct stu b){
    b.x = ( b.x - - ) + 9;
    b.c = 'n';
}
main(){
    struct stu a = {12,'y'};
    func(a);
    printf(" % d, % c",a.x,a.c);
}
```

【想一想】 该程序正确的输出结果是什么? func 函数起作用没有? 如果要让它起作用,应如何修改程序?

(2)假设有如下结构体类型说明：

```
struct student{
    char name[20];/*表示姓名*/
    char sex;/* M表示男性,F表示女性 */
    int age;/* 表示年龄 */
    float total;/* 表示总成绩 */
};
```

编写一个名为 print 的函数,该函数的功能是可以将该结构体所有成员的值输出。

(3)假设有如下结构体类型说明：

```
struct teacher {
    char name[20];/*表示姓名*/
    int age;/* 表示年龄 */
};
```

编写一个名为 update 的函数,该函数的功能是可以任意更改该结构体第二个成员的值。

(4)如果描述一个班学生信息的结构体类型说明如下：

```
struct student{
    char name[20];/*表示姓名*/
    int age;/* 表示年龄 */
    float total;/* 表示总成绩 */
};
```

编写一个名为 max 的函数,该函数的功能是找出这个班中总成绩最高的学生的信息并返回。

(5)如果描述一个班学生信息的结构体类型说明如下：

```
struct student{
    char name[20];/*表示姓名*/
    int age;/* 表示年龄 */
    float total;/* 表示总成绩 */
};
```

编写一个名为 sortByTotal 的函数,该函数的功能是将这个班的学生按总成绩由高到低进行排序。

(6)定义结构体类型 COMPLEX 表示复数,实数部分名为 rp,虚数部分名为 ip,都用整型表示。编写一些函数,实现复数的运算,并用主函数调用这些函数。这些函数包括：①输入一个复数;②输出一个复数;③计算两个复数的和;④计算两个复数的积;⑤计算一个复数的平方。

8.5　链　表

本节知识要点：
1. 链表的基本概念；
2. 动态存储分配；
3. 动态链表的基本操作。

8.5.1　链表的基本概念

链表是一种常见的、动态进行存储分配的重要数据结构，它由若干个结点通过地址链接而成；链表中所有的结点均为相同的结构体类型，且该类型中至少有一个能够指向本结构体类型结点的指针。

结点结构体类型举例如下：

```
struct node {
    int x ;              / * 结点包含的信息,可以是任意类型和任意多的 * /
    struct node * next ; / * 指向本结构体类型结点的指针 * /
};
```

8.5.2　动态存储分配

动态存储分配就是根据需要随时开辟和释放新的存储单元。标准 C 语言定义了四个动态分配函数：malloc,calloc,realloc 和 free。

【例 8.12】　分配一块区域,输入一个学生数据。

```
# include <stdio. h>
main( ) {
    struct stu {
        char * name;
        char sex;
        float score;
    } * ps;
    ps = (struct stu * ) malloc (sizeof(struct stu)); / * 分配区域 * /
    ps->name = "Zhang ping";
    ps->sex = 'M';
    ps-> score = 62.5;
    printf ("\nName = % s\n", ps->name);
    printf ("sex = % c\nscore = % f\n",ps->sex,ps->score);
    free (ps);
}
```

【随堂实训 8.5】

编写一个程序,动态分配一个整型数据所占的存储单元,然后在这个存储单元中存放整数 10,输出该存储单元中的内容后释放该存储单元。

【想一想】 下面的程序正确吗?如果不正确,为什么?

```c
# include <stdio.h>
# include <stdlib.h>
main( ) {
    int i, * p;
    i = 6;
    p = &i;
    free(p);
    printf("% d", i );
}
```

8.5.3　动态链表的基本操作

链表的基本操作有:创建、删除、插入和遍历。

【例 8.13】 建立一个含 5 个结点的链表,存放学生数据,并可以通过学生的学号查询学生信息。

为简单起见,我们假定学生数据结构中只有学号和年龄两项。可编写一个建立链表的函数 creat 和一个查询链表的函数 search。程序如下:

```c
# define NULL 0
# define LEN sizeof(struct stu)
typedef struct stu{
    int num;
    int age;
    struct stu * next;
}TYPE;
/ *  创建链表的函数  * /
TYPE * creat ( int n){
    TYPE * head, * pf, * pb;
    int i;
    for(i = 0;i<n;i + + ){
        pb = (TYPE * ) malloc(LEN);
        printf("input Number and Age\n");
        scanf("% d % d",&pb - >num,&pb - >age);
        if(i = = 0)
            pf = head = pb;
        else pf - >next = pb;
        pb - >next = NULL;
        pf = pb;
```

```
        }
        return(head);
    }
    /* 在链表中按学号查找该结点 */
    TYPE * search(TYPE * head, int n){
        TYPE * p;
        p = head;
        while (p->num! = n && p->next! = NULL)
            p = p->next; /* 不是要找的结点,后移一步 */
        if (p->num = = n) return (p);
        if (p->num! = n&& p->next = = NULL)
            printf("Node %d has not been found! \n", n);
    }
```

【随堂实训 8.6】

(1)有如下结构体类型说明:

```
struct test {
    char a[20];
    double b;
    struct test * next;
};
```

如果 head,p,q,t 都是该类型的指针变量且前三者按 head-p-q 的顺序构成了一个链表,现在要求我们仅用两条语句将 t 添加在该链表的 p 和 q 之间,那么这两条语句正确的形式是_____。

(2)有如下结构体类型说明:

```
struct test {
    char a[20];
    double b;
    struct test * next;
};
```

如果 head,p,q 都是该类型的指针变量且三者按 head-p-q 的顺序构成了一个链表,现在要求我们仅用两条语句从该链表中删除 p 并释放 p 所占的空间,那么这两条语句正确的形式是_____。

(3)编写一个函数,其功能是在一个头为 head 的链表的末尾插入一个新的结点。结点结构体的名称为 node,其他自己定义。函数形式为:

```
void insert(struct node * head)
```

(4)编写一个函数,其功能是在一个头为 head 的链表中删除第一个结点。结点结构体的名称为 node,其他自己定义。函数形式为:

```
void delete(struct node * head)
```

(5)编写一个形式如 void insert(struct node * head,struct node * p)的函数,其功能是在一个头为 head 的有序链表中插入一个指定的结点。结点结构体定义为:

```
struct node {
    int age;
    struct node * next;
}
```

该链表是按第一个成员 age 从小到大排序的。

8.6 文 件

8.6.1 文件的基本概念

文件是存储在外存中的数据的集合,人们常常从不同的角度对文件进行分类。如果按文件中数据的组织形式,可将文件分为文本文件和二进制文件。

8.6.2 文件的打开与关闭

常用的函数:

```
FILE * fopen(char * filename, char * mode)
int fclose(FILE * fp)
```

【例 8.14】 打开 d:\a. dat 文件后再关闭它。

程序如下:

```
# include <stdio. h>
main( ){
    FILE * fp;
    /* 在 Windows 系统中以只读方式打开 */
    fp = fopen("d:\a. dat","r");
    if (fp = = NULL){
        printf("file can't open!! \n");
        exit(1);
    }
    fclose(fp);
}
```

【随堂实训 8.7】

(1)编写程序,以只读的方式打开 d 盘根目录下的 a. txt 文件,然后关闭它。

(2)编写程序,以读写的方式打开 d 盘根目录下的 test. dat 文件,然后关闭它。

(3)打开 d 盘根目录下的 student. txt 文件,如果没有就创建它,然后关闭它。

8.6.3　文件的读写

1. 常用的读写函数：

```
int fprintf(FILE * fp, char * formats, args,…)
```

功能：将 args 按 formats 格式写入 fp 所指向的文件，返回实际写入的字符数。

```
int fscanf(FILE * fp, char * formats, args,…)
```

功能：按 formats 的格式从 fp 所指向的文件中读取数据存放在 args 所指向的地址中，返回实际读取的字符数。

```
int fread(char * buffer, unsigned size, unsigned count, FILE * fp)
```

功能：从 fp 所指向的文件中读取 size×count 个字节的数据存放在 buffer 所指向的地址中，返回实际读取的字节数。

```
int fwrite(char * buffer, unsigned size, unsigned count, FILE * fp)
```

功能：将 buffer 指向的内容中的 size×count 个字节写入到 fp 所指向的文件中，返回实际写入的字节数。

2. 常用的定位函数：

```
void rewind(FILE * fp)
```

功能：将文件指针重新指向文件开始。

```
int fseek(FILE * fp, long offset, int base)
```

功能：将文件指针 fp 从 base(0/SEEK_SET 代表文件开始；1/SEEK_CUR 代表文件当前位置；2/SEEK_END 代表文件末尾)代表的位置移动 offset 距离，成功就返回文件指针的当前位置，否则返回 −1。

3. 常用的检测函数：

```
long ftell(FILE * fp)
```

功能：检测文件指针在文件中的位置，返回从文件开始到文件指针当前位置的字节数，若返回 −1，表示出错。

```
int feof(FILE * fp)
```

功能：检测文件指针是否指向文件的结尾，如果是，返回 1，否则返回 0。

【例 8.15】　输出 10 个整型数到文件 d:\test 中。

```c
# include <stdio.h>
main(){
    int a[10],i;
    FILE * fp;
    for(i = 0;i<10;i+ +)
        scanf("%d",&a[i]);
    if((fp = fopen("d:\test","wb") = = NULL){
        printf("file can't open!!!");
        exit(1);
    }
    if(fwrite(a,sizeof(int),10,f)! = 10)
        printf("file write error\n");
    fclose(fp);
}
```

【随堂实训 8.8】

（1）打开一个文件，利用 fprintf 写入 10 个整数后，再利用 fscanf 读出并显示在屏幕上。

（2）打开一个文件，利用 fwrite 写入一个自定义结构体后，再利用 fread 读出并显示在屏幕上。

（3）假设一个文件存放着某个类型的结构体数据，请编写程序，只读取第 20 个和最后一个结构体数据并显示在屏幕上。

（4）请在字符界面下写一个文件复制命令，命令的形式如下：

Copy 文件名 1 文件名 2

在命令行执行该命令后，文件名 2 中的内容就被复制到文件名 1 中。

8.7 项目训练

【问题定义】

学生信息管理系统。

【项目分析】

（1）添加信息：输入学生信息——学号、姓名、性别、出生日期、成绩，并存储到结构体中，再转存到系统中.

（2）数据显示：将系统中所有学生的信息以列表的形式输出到屏幕上。

（3）数据存储：将系统中所有学生的信息全部写入到指定的文件中。

（4）数据读取：从指定的文件中将所有学生的信息读取出来，并构成链表。

（5）查询：按学生的姓名和学号分别查询，并输出查询结果。

（6）排序：按学生的成绩和年龄分别降序排列所有学生信息，并输出排序结果。

（7）删除信息：转出某位学生，将其信息从系统中删除。

【项目设计】

（1）系统结构框架图如图 8-1 所示：

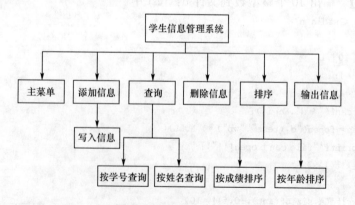

图 8-1 系统结构框架图

（2）系统总体流程图如图 8-2 所示：

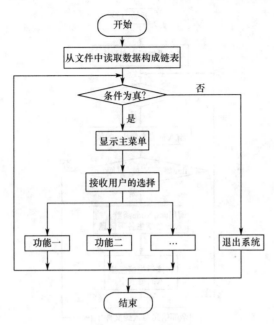

图 8-2　系统总体流程图

(3)功能细化

功能一:添加信息

说明:添加一个或多个学生的信息到系统中,并最终保存到文件内。

方法:调用输入信息函数 newNode,输入一个学生的信息,将该学生的信息插入到链表中去,待添加操作结束后,将链表的信息全部写入文件。

函数原型:void addMember(MEMBER * head);

添加信息功能的流程图如图 8-3 所示。

功能二:数据显示

说明:将链表的所有信息输出到屏幕上。

步骤:

①统计变量 count＝0;

②指针指向第一个有效结点;

③输出表头;

④当未到链表尾时,输出一个结点的各项信息;

⑤统计变量 count 加 1;

⑥如果变量 count 达到分屏要求,则屏幕暂停,并且在暂停后输出表头;

⑦指针向后移一个结点。

函数原型: void list(MEMBER * head);

功能三:数据存储

说明:将链表的结点写入文件。

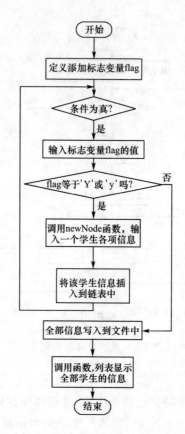

图 8-3　添加信息功能的流程图

步骤：

①如果链表为空,提示相应信息,直接返回；

②打开文件(要处理打开不成功的情况)；

③指针指向第一个有效结点；

④当链表不为空,指针后移一个结点。

函数原型：void writeToFile(MEMBER * head);

功能四:数据读取

说明:读取文件信息,以构造链表。

步骤:

①打开指定的文件；

②分配链表的头结点；

③申请一个准备存储读取信息的新结点；

④用 fread 读取第一个结点,如果读取不成功,说明文件中无数据(释放结点)；

⑤否则,说明数据读取成功,调用 insert 函数,将该结点插入链表；

⑥循环执行步骤④和步骤⑤；

⑦关闭文件,返回链表头指针。

函数原型:MEMBER * loadFromFile(int m);

功能五:查询功能

说明:查询指定姓名的学生,并将其各项信息输出到屏幕上。(按学号查询可由学生自己画图)

函数原型:void queryByName(MEMBER * head);

查询功能的流程图如图 8-4 所示。

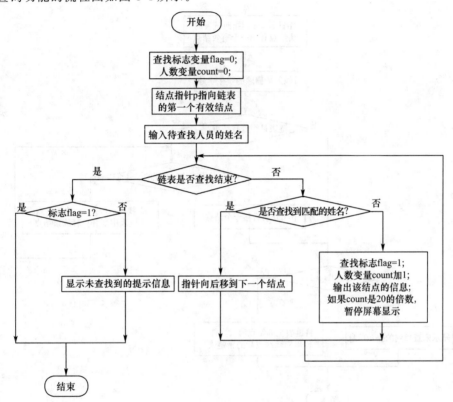

图 8-4 查询功能的流程图

功能六:排序

说明:根据不同的要求进行相应的升序或降序排序。

步骤:

①选择一种排序方式(1-升序,2-降序);

②释放整个链表;

③从文件读取数据,按指定的排序方式重新构造链表;

④显示链表信息。

函数原型:void sortByName(MEMBER * head);

功能七:删除信息

说明:从系统中按学号查找到要删除的学生,并将其从链表中删除,然后再将整个链表写入文件。

函数原型:void deleteByNumber(MEMBER * head);

删除信息功能的流程图如图 8-5 所示。

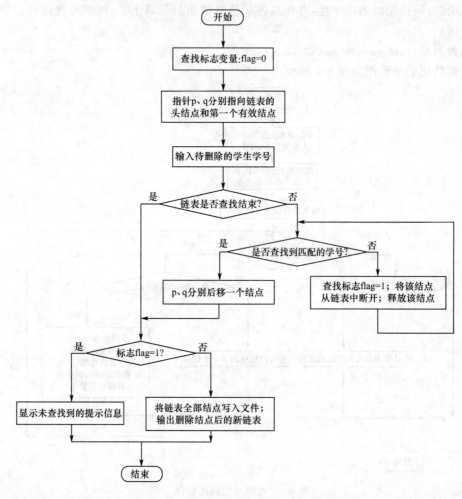

图 8-5   删除信息功能的流程图

【项目实现】

请读者根据上述图示自行完成此项目的编码。

【项目测试】

完成编码后,可输入一些数据来测试程序,并对比预期输出结果,查看程序执行是否正确,将测试结果记录下来。

第二部分
C 语言程序设计上机指导

第 9 章　C 语言程序设计实验的一般步骤

本章知识要点：

1. 掌握程序设计的一般步骤；
2. 掌握程序设计各步骤应完成的任务及如何完成；
3. 掌握程序设计报告和实验报告的写法。

程序设计必须经过实践检验，凭空想象和纸上谈兵都是达不到效果的。通过上机调试程序，程序员不仅能发现、纠正程序代码中的语法错误，还可以检验是否存在逻辑错误，以及程序是否能够达到预期目标，实现预期功能。

程序设计中很重要的一个步骤就是上机调试，如果不能很好地掌握程序调试的一般方法和技巧，就不能说掌握了程序设计。

本课程所安排的实验及课程设计，不仅仅是为了做实验而做实验，而是希望通过这些实验和设计，能够帮助读者加深对 C 语言知识的理解，更好地掌握 C 语言程序的编写方法及程序设计的一般技巧。因此，实验或课程设计不仅仅是单指上机调试这一段时间，在此之前，还需要读者做大量的准备工作，如对问题进行分析和设计，然后编写代码等。在上机之后，要对实验过程中的问题进行分析，总结经验教训，这样才能不断积累经验，有较大的提高。

按照软件工程的思想，用计算机解决一个问题的一般步骤为：问题定义（本课程中为所给的各个题目），问题分析，程序设计，测试计划制定及测试用例的编写，编写代码，上机调试代码，实验报告及经验总结等。

9.1　问题分析

在解决一个实际问题之前，我们必须了解需要解决的问题是什么，然后对其进行分析，得出一个具体的解决方案。

通过对问题进行分析,我们需要得出这样几个方面的信息:

1.根据问题的定义(或问题描述),从中找出这个问题的输入和输出信息分别是什么。

2.要得出输出信息,需要用到什么处理方法或数学公式,处理顺序如何,要用什么算法来处理等。

3.要明确问题所涉及的各项数据的数据类型、精度、表示范围等,选择合适的数据类型来描述这些数据。

【例 9.1】 从键盘输入三个浮点型数,判断它们能否构成三角形,如果不能构成,给出相应提示,如果能构成三角形,请计算出该三角形的面积,计算三角形面积的公式为 $area = \sqrt{s(s-a)(s-b)(s-c)}$,其中 a、b、c 为三角形的三条边长,$s = (a+b+c)/2$。

下面将根据上述问题的描述来对问题进行分析。

问题需要解决:计算并输出三角形的面积。

输入:三角形的三条边长。

输出:三角形的面积。

使用公式:$area = \sqrt{s(s-a)(s-b)(s-c)}$。

其他要求:输入的三条边长均要大于 0,且能构成一个三角形。若用户输入有误,应允许用户再次输入。

问题分析的结果可作为实验报告的第一部分内容。

9.2 程序设计

问题分析结束后,接下来我们根据分析的结果进行程序设计方案的设计。在进行程序设计时,核心的问题是解决问题的算法,其次是怎样接收输入数据及怎样输出结果,再次是当程序调试不通过时,怎样通过中间结果来查看程序存在的问题。

算法是对一个特定问题的描述,同一个问题,不同的人可能会有不同的解决方案,因此算法也是不一样的。一个算法必须是明确、完善和有效的,描述算法的方法有自然语言和流程图等。

对于初学者来说,最好养成先进行算法设计,在此基础上再编写程序代码的习惯。

数据的输入输出主要考虑的问题是用户界面的友好性,使用户操作起来更方便。如发现输入错误时,提示用户相应的错误信息。

在调试程序的过程中,可以在程序中增加一些输出语句,帮助测试程序并监视计算过程是否存在问题。对于较复杂的程序,这是一个非常好的方式,可以快速找到出问题的程序片段。

如图 9-1 所示为本步骤得出的 N-S 流程图。

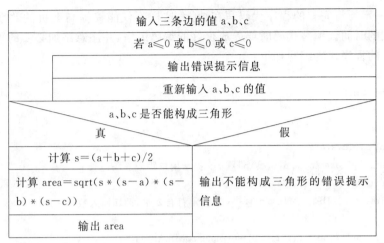

图 9-1　例 9.1 的 N-S 流程图

9.3　测试计划及用例的设计

为了验证上述程序设计是否能够真正达到预期的目标,我们必须设计一个测试计划和一些测试用例来验证。

测试计划和用例制定以后,程序调试过程中就严格按照这些用例来进行测试,以找出程序可能存在的问题。

测试用例用一张表来表示,表中应该包括若干组输入数据和根据这些数据计算得到的正确结果,这些结果一般是通过理论计算出来的。

测试数据一般应该包含典型数据和特殊数据,并且要能够覆盖全部可能产生的情况。

表 9-1 是根据例 9.1 的问题说明编写的测试用例。

表 9-1					例 9.1 的测试用例
a	b	c	面积	输出结果	备　注
−1	5	3			输入错误,应提示错误信息
2	0	5			输入错误,应提示错误信息
3	1	−6			输入错误,应提示错误信息
1	2	3			错误,不能构成三角形
3	4	5	6.00		
6.1	3.5	7.9	10.17		

程序设计完毕,应根据测试用例表,逐个进行测试,也可根据需要再增加一些测试用例,争取程序中的每一行代码都能够被测试到。

9.4　编写代码

对问题分析清楚,并且有了相应的算法解决方案后,就可以着手编写代码了。对于初学者来说,一定要将完整的程序代码写在纸上,这样不仅能够提高上机的效率,还可以减少程序调试的时间。编写代码时要养成良好的编码风格,并注意添加必要的程序注释。

例 9.1 的程序代码编写如下:

```
# include <stdio.h>
# include <math.h>
main()
{
    float a,b,c,s,area;
    printf("please input a,b,c:\n"); /* 提示用户输入三条边长 */
    scanf("%f %f %f", &a, &b, &c);
    while(a<= 0||b<= 0||c<= 0) /* 边长不符合要求,循环输入数据 */
    {
        printf("input error. please input again.\n");
        scanf("%f %f %f", &a, &b, &c);
    }

    if (a+b>c && a+c>b && b+c>a) /* 判断是否能构成三角形,若能 */
    {
        s = (a+b+c)/2;        /* 计算中间变量 s */
        area = sqrt(s*(s-a)*(s-b)*(s-c)); /* 计算面积 area */
        printf("area = %.2f\n",area); /* 输出面积 area */
    }
    else /* 若不能构成三角形,提示错误信息 */
        printf("a,b,c can't be a triangle.\n");
}
```

9.5 上机调试

C 语言程序的调试要经过编辑、编译、链接和执行四个阶段。

在程序调试过程中可能会遇到编译错误、链接错误和逻辑错误等,对这些错误进行一一修改后,才能得到正确的代码。

上机调试的一个主要任务是根据测试计划和测试用例中的数据来输入,并记录对应的输出结果,而且要根据结果来分析和纠正程序。

例 9.1 的测试结果如表 9-2 所示。

表 9-2 例 9.1 的测试结果

a	b	c	面积	输出结果	备 注
-1	5	3		input error. please input again.	输入错误,应提示错误信息
2	0	5		input error. please input again.	输入错误,应提示错误信息
3	1	-6		input error. please input again.	输入错误,应提示错误信息
1	2	3		a,b,c can't be a triangle.	错误,不能构成三角形
3	4	5	6.00	6.00	
6.1	3.5	7.9	10.17	10.17	

9.6　实验总结

　　实验总结是程序设计实验的最后一个环节,通过不断地总结可以积累丰富的调试经验,也可以巩固所学知识。

　　根据实验步骤,实验报告应该包含以下几个方面的内容:

　　(1)问题的描述和分析。

　　(2)程序设计方案,画出流程图。

　　(3)测试计划和测试用例。

　　(4)编写出程序代码。

　　(5)记录测试结果,对遇到的问题及解决的结果应当进行记录。

　　(6)本次实验总结,总结经验教训或收获。

　　前四个步骤应在上机前完成,为上机调试做好必要的准备。

9.7　实验报告样例

　　题目:从键盘上输入三个浮点数,判断它们能否构成三角形。如果不能构成,给出相应提示;如果能构成三角形,请计算出该三角形的面积。计算三角形面积的公式为:

$area=\sqrt{s(s-a)(s-b)(s-c)}$,其中 a、b、c 为三角形的三边,$s=(a+b+c)/2$。

一、问题分析

　　问题需要解决:计算并输出三角形的面积。

　　输入:三角形的三条边长。

　　输出:三角形的面积。

　　使用公式:$area=\sqrt{s(s-a)(s-b)(s-c)}$ 。

　　其他要求:输入的三条边长均要大于 0,且能构成一个三角形。若用户输入有误,应允许用户再次输入。

　　二、程序设计(N-S 流程图)

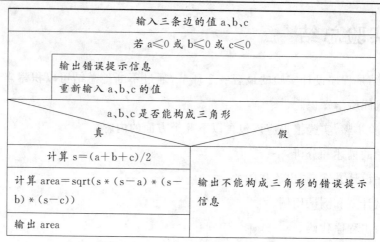

图 9-2 求三角形面积的 N-S 流程图

三、测试用例

表 9-3 求三角形面积的测试用例

a	b	c	面积	输出结果	备 注
-1	5	3			输入错误,应提示错误信息
2	0	5			输入错误,应提示错误信息
3	1	-6			输入错误,应提示错误信息
1	2	3			错误,不能构成三角形
3	4	5	6.00		
6.1	3.5	7.9	10.17		

四、源代码

```c
#include <stdio.h>
#include <math.h>
main()
{
    float a,b,c,s,area;
    printf("please input a,b,c:\n"); /* 提示用户输入三条边长 */
    scanf("%f %f %f", &a, &b, &c);
    while(a<=0||b<=0||c<=0) /* 边长不符合要求,循环输入数据 */
    {
        printf("input error. please input again.\n");
        scanf("%f %f %f", &a, &b, &c);
    }

    if (a+b>c && a+c>b && b+c>a) /* 判断是否能构成三角形,若能 */
    {
        s=(a+b+c)/2;         /* 计算中间变量 s */
        area=sqrt(s*(s-a)*(s-b)*(s-c)); /* 计算面积 area */
        printf("area=%.2f\n",area); /* 输出面积 area */
```

```
}
    else /* 若不能构成三角形,提示错误信息 */
        printf("a,b,c can't be a triangle. \n");
}
```

五、测试结果

表 9-4　　　　　　　　　　　　求三角形面积的测试结果

a	b	c	面积	输出结果	备　注
−1	5	3		input error. please input again.	输入错误,应提示错误信息
2	0	5		input error. please input again.	输入错误,应提示错误信息
3	1	−6		input error. please input again.	输入错误,应提示错误信息
1	2	3		a,b,c can't be a triangle.	错误,不能构成三角形
3	4	5	6.00	6.00	
6.1	3.5	7.9	10.17	10.17	

六、遇到的问题及解决办法

1. 输入 3、4、5 后,提示错误"a,b,c can't be a triangle."。仔细检查后发现是"scanf("%f %f %f", &a, &b, &c);"写成了"scanf("%f %f %f", &a, &b, c);",改正后就没有问题了。

2. 输入 3、4、5 后,得到面积值为 −32636.00。仔细检查程序,发现开头忘记了语句"#include <math.h>",原来 sqrt 是一个数学函数,用于计算平方根,它定义在 math.h 中。加上"#include <math.h>"后,再次执行程序,输出结果与预期结果相符。

七、实验总结

1. 通过上机实践,发现程序可以分段调试,如可以先调试下面一小段代码:

```
#include <stdio.h>
#include <math.h>
main()
{
    float a,b,c,s,area;
    printf("please input a,b,c:\n"); /* 提示用户输入三条边长 */
    scanf("%f %f %f", &a, &b, &c);
    while(a<=0||b<=0||c<=0) /* 边长不符合要求,循环输入数据 */
    {
        printf("input error. please input again. \n");
        scanf("%f %f %f", &a, &b, &c);
    }
    printf("a = %.2f, b = %.2f, c = %.2f\n", a, b, c);
}
```

其中"printf("a=%.2f, b=%.2f, c=%.2f\n", a, b, c);"是一条调试输出语句。待程序调试通过了,可以将其从程序代码中删除。

2. 可以通过加注释的方法来屏蔽暂时不需要调试的代码。

```c
#include <stdio.h>
#include <math.h>
main()
{
    float a,b,c,s,area;
    printf("please input a,b,c:\n"); /*提示用户输入三条边长*/
    scanf("%f %f %f", &a, &b, &c);
/*下面这段代码暂时注释掉
    while(a<=0||b<=0||c<=0)
    {
        printf("input error. please input again. \n");
        scanf("%f %f %f", &a, &b, &c);
    }
*/
    if (a+b>c && a+c>b && b+c>a) /*判断是否能构成三角形,若能*/
    {
        s=(a+b+c)/2;      /*计算中间变量s*/
        area = sqrt(s*(s-a)*(s-b)*(s-c)); /*计算面积area*/
        printf("area = %.2f\n",area); /*输出面积area*/
    }
    else /*若不能构成三角形,提示错误信息*/
        printf("a,b,c can't be a triangle.\n");
}
```

3. 编译不通过时,可以通过编译信息提示框来获取错误的信息,在 VC 环境中双击错误信息,程序会自动定位到错误出现的行位置上。

如错误提示信息"错误 triangle.c(8):表达式语法错在 main 函数中",我们可以到程序的第8行查找具体的错误。如果在该行未发现错误,请在其上下文中仔细查找。

第10章　实验安排

本章知识要点：

　　通过本章实验和项目设计，巩固 C 语言编程的基本知识，掌握实验中的各种编程方法和技巧。

10.1　实验一　C 语言基础知识的使用

【实验目的及要求】

①了解 Visual C++ 6.0 调试环境；

②掌握调试 C 程序的四个步骤：编辑、编译、链接和执行；

③掌握 C 程序的基本结构；

④掌握在 C 程序中注释的写法；

⑤了解 printf( )函数的基本功能及简单使用。

【实验内容】

(1)首先编辑下面的程序，并将程序保存到文件 test1_1.c 中，然后编译、链接和执行。

```
# include <stdio.h>
main( )
{
    printf("Welcome. Let's study C language.\n");
}
```

(2)将 test1_1.c 另存为 test1_2.c 文件，并利用拷贝，将上述程序变为：

```
# include <stdio.h>
main( )
{
    printf("Welcome. Let's study C language.\n");
    printf("Welcome. Let's study C language.\n");
    printf("Welcome. Let's study C language.\n");
    printf("Welcome. Let's study C language.\n");
```

```
    printf("Welcome. Let's study C language. \n");
    printf("Welcome. Let's study C language. \n");
}
```

编译、链接和执行 test1_2.c。

（3）编写程序，并保存到文件 test1_3.c 中。

程序功能：在屏幕上输出下列图案。

```
      1
     222
    33333
   4444444
  555555555
```

（4）编写程序，并保存到文件 test1_4.c 中。

程序功能：在屏幕上输出下列字符。

```
+ --------------------------------- +
| Input your name:               |
|---------------------------------|
| Input your password:           |
|-------------   -----------------|
| Check your password:           |
+ --------------------------------- +
```

（5）编写程序，并保存到文件 test1_5.c 中。

程序功能：在屏幕上输出你的姓名、学号、所在系、主修专业、联系电话等信息。输出形式如下：(XXX 由具体信息替代)

```
      个 人 信 息 显 示
    姓名:XXX
    学号:XXX
    系别:XXX
    专业:XXX
    电话:XXX
    ……(根据需要添加)
```

（6）打开文件 test1_5.c，在每条语句后面加上相应的注释，注释内容自定，然后另存为 test1_6.c。

（7）仔细分析下面程序的输出结果，然后将其输入到计算机中，保存为 test1_7.c，验证你的分析是否正确。

```
# include <stdio.h>
main( )
{
    printf("Welcome. \nToday is the first day for learning C. \n");
    printf("Let's go together. \n");
}
```

10.2　实验二　基本数据类型与运算符

【实验目的及要求】

①掌握 C 语言的基本数据类型的定义；

②掌握整型数据的格式输入和输出方法；

③掌握浮点型数据的格式输入和输出方法；

④掌握字符型数据的格式输入和输出方法；

⑤掌握 putchar( )和 getchar( )函数的用法；

⑥掌握算术运算符的用法；

⑦掌握赋值运算符的用法；

⑧掌握自加/自减运算符的用法。

【实验内容】

(1)变量定义及赋值,将程序保存到文件 test2_1.c 中,然后编译、链接并执行。程序实现下列功能：

①定义三个整型变量,变量名自定；

②定义一个单精度浮点型变量和一个双精度浮点型变量,变量名自定；

③定义一个字符型变量,变量名自定；

④给上述变量赋相应的值；

⑤输出各个变量的值。

【操作提示】　变量名要符合 C 语言标识符的定义规则。

(2)整型数据的格式输入输出。编写程序,并保存到文件 test2_2.c 中。

程序功能：从键盘上输入两个整数分别存入变量 op1 和 op2 中,计算它们的和(存入 sum)、差(存入 diff)、积(存入 mul)、商(存入 div)、余数(存入 rem),并输出结果。要求输出的格式形如：6+7=13,其中 6 和 7 是从键盘输入的,其他结果类推。

【操作提示】　(注：以后各题的操作都类似于下面的提示,不再赘述)

①定义整型变量 op1,op2,sum,diff,mul,div,rem；

②用 scanf 函数从键盘获取 op1 和 op2 的值；

③分别计算 op1 和 op2 的和、差、积、商、余数；

④按指定格式输出所得的结果；

⑤添加适当的注释信息；

⑥编译、链接、执行该程序,并记录输入输出结果。

(3)实型数据的格式输入输出。编写程序,并保存到文件 test2_3.c 中。

程序功能：从键盘上输入两个浮点数,计算它们的和、差、积、商,并输出结果。

(4)编写程序,并保存到文件 test2_4.c 中。

程序功能：从键盘上输入三个浮点数,分别存入变量 $b1$、$b2$、$b3$ 中,假设它们是一个三角形的三边,利用公式 $\text{area}=\sqrt{s(s-b_1)(s-b_2)(s-b_3)}$ (其中 $s=\dfrac{b1+b2+b3}{2}$) 求该三

角形的面积。

【操作提示】　此题要求输入的三条边一定能构成三角形。

求平方根的函数为 sqrt( )，该函数在 math. h 头文件中有定义，使用 ♯ include <math. h> 命令包含该文件。

(5)编写程序，并保存到文件 test2_5. c 中。

程序功能：从键盘输入三个数，计算它们的和及平均值，并输出结果。要求用浮点数来处理。

(6)字符型数据的格式输入输出。编写程序，并保存到文件 test2_6. c 中。

程序功能：从键盘上输入一个字符，存放到变量 ch 中。然后用%c 控制输出下列样式的图案(其中♯是从键盘获取到的 ch 的值)：

```
# # # # # # #
 # # # # #
  # # #
   #
```

(7)编写程序，并保存到文件 test2_7. c 中。

程序功能：使用 scanf( )函数从键盘接收一个字符，用 putchar( )函数输出到屏幕上；再使用 getchar( )函数从键盘接收一个字符，用 printf( )函数输出。

(8)编写程序，并保存到文件 test2_8. c 中。

程序功能：在屏幕上输出下面形式的图案：

【操作提示】　用%c 的形式输出字符对应的 ASCII 码值即可。

(9)自加/自减运算符的使用。输入下面的程序，并保存到文件 test2_9. c 中。

仔细分析程序，得出结果，然后编译、链接、执行程序，并验证程序执行所得结果是否与你算出的结果一致。

```
# include <stdio.h>
main( )
{
    int s1, s2, s3, s4;
    s1 = s2 = 5;
    s3 = + + s1;
    s4 = s2 + +;
    printf("s1 = % d,s2 = % d,s3 = % d, s4 = % d\n", s1, s2, s3, s4);
    s1 = s2 = 10;
    s3 = - - s1;
    s4 = s1 - -;
    printf("s1 = % d,s2 = % d,s3 = % d, s4 = % d\n", s1, s2, s3, s4);
}
```

（10）输入下面的程序，并保存到文件 test2_10.c 中。

仔细分析程序，得出结果，然后编译、链接、执行程序，并验证程序执行所得结果是否与你算出的结果一致。

```
# include <stdio.h>
main( )
{
    int a, b, c, d;
    c = (a = b = 9, + + a, a + (b+ +));
    d = - - c;
    printf("a = %d, b = %d, c = %d, d = %d\n", a, b, c, d);
}
```

【思考题】

①在为变量取名时，应注意什么？

②printf( )函数的格式控制串中格式说明符起的作用是什么？ 如果格式控制串中出现普通字符，对输出结果有什么影响？

③scanf( )函数的格式控制串中如果出现了普通字符，此时应如何输入数据？

④自加/自减运算符的操作对象可以是常量或表达式吗？

⑤自加/自减运算符如果用在表达式中，则作为前缀和作为后缀的使用有什么区别？

10.3　实验三　顺序结构和选择结构程序设计

【实验目的及要求】

①了解顺序结构和选择结构流程图的画法；

②掌握关系运算符和逻辑运算符；

③熟练掌握顺序结构程序设计的方法；

④熟练掌握 if 形式的选择结构程序设计方法；

⑤熟练掌握 if else 形式的选择结构程序设计方法；

⑥熟练掌握 else if 形式的选择结构程序设计方法；

⑦掌握选择结构中 switch 语句的使用方法；

⑧掌握条件运算符的用法。

【实验内容】

（1）关系运算符和逻辑运算符的使用。输入下面的程序，并保存到文件 test3_1.c 中。分析该程序，并在实验报告册上记录程序的运行结果。

```
# include <stdio.h>
main( )
{
    int a = 3, b = 4, c = 5;
    printf("%d\n", a + b>c && b = = c);
    printf("%d\n", ! (a + b) + c - 1 && b + c/2%3 || b - c);
}
```

(2)编写程序,并保存到文件 test3_2.c 中。

程序功能:从键盘上输入一个整数,使用逻辑表达式计算该数"大于等于 100 且小于等于 200,或者大于-200 且小于-100"的结果,并输出。

【操作提示】 可直接用 printf( )函数输出该表达式的值。

(3)编写程序,并保存到文件 test3_3.c 中。

程序功能:从键盘上输入一个任意的四位正整数,存入变量 x 中,计算该数各位上的数字之和。如输入数据为 3456,则输出形式应为:

x=3456,3+4+5+6=18

【操作要求】

①画出 N-S 流程图;

②编写程序实现要求的功能;

③输出满足要求的形式。

(4)分别将下面两个程序输入到计算机中,并编译、链接、执行。对每个程序,观察并记录两组不同的输入与输出(一组为 x<y 的情况,另一组为 x>y 的情况),比较两组输入对输出有什么样的影响;

程序一:将该程序保存到文件 test3_4_1.c 中。

```
#include <stdio.h>
main( )
{
    float x,y,t;
    scanf("%f,%f",&x,&y);
    if (x<y)
        {t=x; x=y; y=t;}
    printf("%f,%f",x,y);
}
```

程序二:将该程序保存到文件 test3_4_2.c 中。

```
#include <stdio.h>
main( )
{
    float x,y,t;
    scanf ("%f,%f",&x,&y);
    if (x>y)
        {t=x; x=y; y=t;}
    printf("%f,%f",x,y);
}
```

(5)编写程序,并保存到文件 test3_5.c 中。

程序功能:从键盘上输入三个浮点数,判断它们能否构成一个三角形。如果可以,请计算出三角形的面积;如果不能构成,请输出相应的提示信息。

【操作提示】 计算三角形面积的公式参见实验二第(4)题。

(6)编写程序,并保存到文件 test3_6.c 中。(注:用 else if 形式编写程序)

程序功能:从键盘上输入一个简单的算术表达式(可能是＋、－、＊、/、％五种运算中的一种),计算该表达式的结果并输出。例如:输入"34％27",输出"34％27＝7"。

(7)修改上题编写的程序,用 switch 语句编写该程序,并保存到文件 test3_7.c 中。

(8)编写程序,并保存到文件 test3_8.c 中。

程序功能:将输入的三个整数按从小到大的顺序排列输出。

(9)switch 语句的练习。

将下面程序输入到计算机中,编译、链接、执行,在实验报告册上记录程序运行的结果:

程序一:将该程序保存到文件 test3_9_1.c 中。

```c
#include <stdio.h>
main( )
{
    int i = 2;
    switch(i)
    {   case 0: printf(" Monday\n"); break;
        case 1: printf(" Tuesday\n"); break;
        case 2: printf(" Wednesday\n"); break;
        case 3: printf(" Thursday\n"); break;
        default: printf(" Friday\n");
    }
}
```

程序二:将该程序保存到文件 test3_9_2.c 中。

```c
#include <stdio.h>
main( )
{
    int i = 2;
    switch(i)
    {   case 0: printf(" Monday\n"); break;
        case 1: printf(" Tuesday\n"); break;
        case 2: printf(" Wednesday\n");
        case 3: printf(" Thursday\n");
        default: printf(" firday\n");
    }
}
```

(10)编写程序,并保存到文件 test3_10.c 中(注:用 if-else-if 形式)。

程序功能:从键盘上输入一个浮点型数据,作为某人在某月所交纳的个人所得税。按照个人所得税的计税标准,推算此人该月的总收入,并输出运行结果。

【思考题】

①本实验第(4)题的程序一和程序二的结果是否相同,为什么?

②if 和 else 的匹配原则是什么?

③在 switch 语句中是否使用 break 有何区别?

④考虑"水仙花"数怎样检验。所谓"水仙花"数,就是一个三位数,其各位数字的立方和等于该数本身。如 153 是一个"水仙花"数,它满足 $1^3 + 5^3 + 3^3 = 153$。编写程序,从键盘输入一个正的三位数,判断它是否"水仙花"数。如果是,则输出一个满足"水仙花"数的等式;如果不是,则提示相应信息。程序保存到文件 test3_11.c 中。

10.4　实验四　循环结构程序设计

【实验目的及要求】

①了解循环结构的流程图画法;

②掌握循环结构程序设计的方法;

③熟练掌握 while 形式的循环结构程序设计方法;

④熟练掌握 for 形式的循环结构程序设计方法;

⑤掌握 do-while 形式的循环结构程序设计方法;

⑥掌握 break 语句在循环结构中的使用方法;

⑦掌握 continue 语句在循环结构中的使用方法;

⑧掌握多重循环的程序设计方法。

【实验内容】

(1)分析下面程序(保存到文件 test4_1_1.c 中)的运行结果,并用 while 语句代替 do-while 语句重新编写程序(保存到文件 test4_1_2.c 中),确保输出结果相同。

```c
# include <stdio.h>
main( )
{
    int i, sum;
    i = 5;
    sum = 0;
    do
    {
        sum + = 2 * i;
        i - - ;
    } while(i>0);
    printf(" i = % d, sum = % d\n ", i, sum);
}
```

(2)编写程序,将程序保存到文件 test4_2.c 中。

程序功能:输入若干同学某门功课的成绩,假定成绩都为整数,以 −1 作为终止输入的特殊成绩,计算平均成绩并输出。

【操作提示】

①定义三个变量:一个用来统计学生个数,一个用来保存单个学生成绩,一个用来计

算总成绩；

②在输入学生成绩前给出相应提示；

③书写循环语句,不停输入学生的成绩并统计学生个数及总成绩,直到输入的成绩为 -1 时终止；

④计算并输出平均成绩；

⑤根据上述步骤,画出 N-S 流程图,然后再编写程序。

(3)编写程序,将程序保存到文件 test4_3.c 中。

程序功能:输入一个不超过 32767 的正整数(可以是 1 到 5 位),用 while 形式的循环来计算该整数的各位数字之和并输出结果。例如整型数 3456 的各位数字之和是 3+4+5+6,等于 18。输出结果的形式为:"3456:3+4+5+6=18"。

(4)编写程序,将程序保存到文件 test4_4.c 中。

程序功能:输入一组字符(以 $ 符号结尾),对该组字符做一个详细统计:统计其总的字符个数、大写字母、小写字母、数字及其他字符的个数,输出统计结果。

【操作提示】　要明确各类字符的分类规则。

(5)编写程序,将程序保存到文件 test4_5.c 中。

程序功能:输出所有的"水仙花"数。水仙花数即一个正的三位数,其各位数字的立方和等于该数本身。如 $153=1^3+5^3+3^3$。

(6)编写程序在屏幕上输出"九九乘法表",将程序保存到文件 test4_6.c 中。

输出形式如下:

```
1*1=1
2*1=2  2*2=4
3*1=3  3*2=6  3*3=9
4*1=4  4*2=8  4*3=12  4*4=16
5*1=5  5*2=10  5*3=15  5*4=20  5*5=25
6*1=6  6*2=12  6*3=18  6*4=24  6*5=30  6*6=36
7*1=7  7*2=14  7*3=21  7*4=28  7*5=35  7*6=42  7*7=49
8*1=8  8*2=16  8*3=24  8*4=32  8*5=40  8*6=48  8*7=56  8*8=64
9*1=9  9*2=18  9*3=27  9*4=36  9*5=45  9*6=54  9*7=63  9*8=72  9*9=81
```

(7)编写程序,将程序保存到文件 test4_7.c 中。

程序功能:在屏幕上输出由"*"构成的如下形式的图案,要求菱形的行数是从键盘上输入的。如图是一个 7 行的菱形。

```
      *
     * * *
    * * * * *
   * * * * * * *
    * * * * *
     * * *
      *
```

(8)将下面的程序保存到文件 test4_8.c 中。分析该程序的运行结果,掌握在循环语句中 break 语句和 continue 语句的不同功能,并理解其区别。

```
# include <stdio.h>
main( )
{
    int i;
    for(i = 0;i<10;i + +)
    {
        if(i = = 3) continue;
        if(i = = 5) break;
        printf("i = % d \n", i);
    }
    printf("over , i = % d \n", i);
}
```

(9)编写程序,将程序保存到文件 test4_9. c 中。

程序功能:求 $s=1!+2!+3!+4!+\cdots+10!$,并输出结果。

【操作提示】 用内循环求 n!,用外循环作累加。

(10)编写程序解决"猴子吃桃"问题,将程序保存到文件 test4_10. c 中。

程序功能:猴子吃桃问题。猴子第一天摘下若干个桃子,当即吃了一半,还不过瘾,又多吃了一个。第二天将剩下的桃子吃掉一半,又多吃了一个。以后每天将前一天剩下的桃子吃掉一半,再多吃了一个。到第 10 天只剩下一个桃子了,求第一天共摘了多少桃子。

【操作提示】 逆向思考问题,即设第 10 天的桃子数为 x(已知 $x=1$),则第 9 天的桃子数为 $2*(x+1)$,第 8 天的为 $2*(第 9 天的桃子数+1)$,以此类推,用循环得出第一天的桃子数。

【思考题】

①while 形式和 do-while 形式有何区别?

②break 语句和 continue 语句应用在循环中有何区别?

③搬砖问题。36 块砖,36 人搬;男搬 4 块,女搬 3 块,两个小孩抬 1 块。要求一次搬完,问男、女、小孩各需几人? 将程序保存到文件 test4_11. c 中。

【操作提示】 设所需男、女人数分别为 m、f,则小孩的人数为 $36-m-f$。小孩的人数必须为偶数(即满足$(36-m-f)\%2 == 0$),且 m 和 f 必须符合关系式:$m*4+f*3+(36-m-f)/2 == 36$。

10.5 实验五 数 组

【实验目的及要求】

①理解一维数组的概念和定义方法;

②熟练掌握一维数组元素的引用;

③理解二维数组的概念和定义方法;

④掌握二维数组元素的引用;

⑤理解字符串在内存中的存储方法;

⑥掌握字符串相关应用的程序设计方法。

【实验内容】

(1)编写程序,将程序保存到文件 test5_1.c 中。

程序功能:将数字 0～4 存入一个整型数组,输出该整型数组的各个元素,然后再逆序输出该数组的各个元素。

【操作提示】　注意定义的数组长度和数组元素的引用方法。

(2)编写程序,将程序保存到文件 test5_2.c 中。

程序功能:从键盘上输入 10 个整数存放在数组中,将数组中的数据输出,然后找出数组中的最小数及其下标并输出。

【操作提示】

①定义一个变量用来存放最小数,另外再定义一个变量用来存放最小数的下标;

②每个数组元素与最小数进行比较:若比其小就用当前的数组元素替换最小数变量的值。同时,记录该数在数组中的下标位置;

③将最后得到的下标及下标所指向的数组单元内容输出。

(3)编写程序,将程序保存到文件 test5_3.c 中。

程序功能:利用数组实现选择法排序:将输入的 10 个整数按照从大到小的顺序排序,并输出运行结果。

【操作提示】

①定义数组,从键盘输入 10 个整数;

②利用选择法排序这 10 个整数;

③输出排序后的结果。

(4)编写程序,将程序保存到文件 test5_4.c 中。

程序功能:用随机函数产生 100 个 1000～2000 的随机数存放到一个一维数组中,然后找出其中最大的 10 个数,并输出运行结果。

【操作提示】

①定义两个一维数组,一个用来存放 100 个随机数,另一个用来存放 10 个最大的数;

②利用随机函数产生 100 个随机数;

③分 10 行输出这 100 个随机数;

④将这 100 个随机数按从大到小的顺序排序;

⑤输出排序后的数组的前 10 个元素。

(5)编写程序,将程序保存到文件 test5_5.c 中。

程序功能:从键盘上输入一个 3×4 的矩阵的各元素,找出它们中的最大值和最小值及它们对应的数组下标,将运行结果输出到屏幕上。

【操作提示】

①定义一个 3 行和 4 列的二维数组,另外定义变量分别存放最大值、最大值对应的下标、最小值和最小值对应的下标;

②从键盘上输入数组的元素值(也可用随机函数来产生);

③查找到这些元素中的最大值和最小值及它们的下标;

④将运行结果输出。

(6)编写程序,将程序保存到文件 test5_6.c 中。

程序功能:输入 5 个学生的学号、英语、数学和计算机成绩,分别求:

①每个学生的平均分;

②每门课的平均分。

【操作提示】

①定义二维数组,用于存放学号、3 门课程成绩、总成绩、平均成绩;

②输入 5 个学生 3 门课的成绩存放到数组中;

③定义变量表示每门课的总成绩、平均分,注意要初始化;

④计算每个学生的总成绩和平均分,存放到相应的数组元素中;

⑤计算每门课的总成绩和平均分,存放到相应的变量中;

⑥输出每个学生的学号、3 门课成绩、总成绩、平均成绩;

⑦输出每门课程的总成绩和平均分。

(7)编写程序,将程序保存到文件 test5_7.c 中。

程序功能:不使用 strcat( )函数,自己编写一个程序实现:从键盘上输入两个字符串,将第二个字符串连接到第一个字符串的后面,构成一个新的字符串(即完成类似于 strcat( )库函数的功能)。

【操作提示】

①定义两个字符数组及一些变量;

②从键盘上输入两个字符串,然后输出它们;

③判断第一个字符串结束位置 i;

④计算出第二个字符串的长度 len;

⑤从 i 位置开始增加 len 个位置用来存放第二字符串(复制操作);

⑥输出新的字符串。

(8)编写程序,将程序保存到文件 test5_8.c 中。

程序功能:从键盘输入一个字符串和一个字符,从字符串中删除全部的该字符,并输出运行结果。

【操作提示】

①定义一个字符数组及一些变量;

②从键盘上输入一个字符串和一个单字符;

③重复判断字符串中是否有该字符,如果有则删除它;

④输出删除全部该字符后的字符串。

【思考题】

①编写程序,将程序保存到文件 test5_9.c 中。

程序功能:题(4)中如果要求输出这最大的 10 个数在原数组中的下标值,该怎样修改程序。

②编写程序,将程序保存到文件 test5_10.c 中。

程序功能:将一组已经按升序排好的整数读入到一个整数数组中,再输入一个整数,插入到数组中,使数组元素依旧保持升序排序。

③编写程序,将程序保存到文件 test5_11.c 中。

程序功能:输入一组字符,统计其中有多少个单词,单词之间用空格隔开(多个空格只计一个)。

10.6　实验六　函　数

【实验目的及要求】

①熟练掌握 C 语言函数的定义和说明方法;

②熟练掌握函数的调用方法;

③理解函数调用时参数传递的过程;

④理解单个变量作为函数参数时,函数的定义和调用方法;

⑤理解数组名作为函数的参数时,函数的定义和调用方法;

⑥理解变量的各种存储类型的概念和使用。

【实验内容】

(1)将下面的程序输入计算机,并保存到 test6_1.c 中,然后调试它,记录出错信息,并指出错误原因。

```
#include <stdio.h>
main()
{
    int x, y;
    printf("%d\n",sum(x+y));
    int sum(a,b)
    {
        int a,b;
        return(a+b);
    }
}
```

【操作提示】

①注意函数定义的语法形式。

②注意函数定义能否嵌套。

③注意函数调用时对参数的要求。

(2)编写程序,将程序保存到文件 test6_2.c 中。

程序功能:定义一个已知半径求圆周长的函数 cirlength( ),并在主函数中调用它,半径值在主函数中通过 scanf( )函数从键盘输入。

【操作提示】

①求圆周长函数的实现。

```
float cirlength(float radius) /* 函数首部 */
{
```

```
        float length;      /*声明内部变量*/
        …      /*根据半径求圆周长*/
        return (length);      /*返回圆周长的值*/
    }
```

②主函数的实现。

```
main( )
{
        /*定义变量*/
        /*调用 scanf 函数输入半径值*/
        /*调用 cirlength 函数返回圆周长的值*/
        /*调用 printf 函数输出圆周长的值*/
}
```

③当被调函数的位置在 main( )函数后面时,要进行函数声明。

(3)编写程序,将程序保存到文件 test6_3.c 中。

程序功能:定义一个函数 nummax( ),返回三个数中最大的数;在主函数中通过调用该函数求三个数中最大的数并输出。

(4)编写程序,将程序保存到文件 test6_4.c 中。

程序功能:定义一个函数 prime( ),判断某个正整数是否是素数,如果是素数则返回 1,否则返回 0;在主函数中输入一个正整数并调用 prime 函数判断,最后根据返回值输出是否是素数的提示信息。

(5)编写程序,将程序保存到文件 test6_5.c 中。

程序功能:定义一个函数 sort( ),使用冒泡法对整型数组中的 n 个值进行排序(按从小到大的顺序),并在主函数中定义一个长度为 10 的数组,调用 sort 函数进行排序并输出排序结果。

【操作提示】

①sort 函数的实现。

```
void sort(int a[], int n)
{
        /*声明函数内部变量*/
        /*用冒泡法对数组元素进行排序*/
        return;
}
```

②主函数的实现。

```
main( )
{
        /*定义变量*/
        /*给数组赋 n 个值*/
        /*输出排序前的结果*/
        /*调用 sort 函数进行排序*/
        /*输出排序后的结果*/
}
```

③当被调函数的位置在 main( )函数后面时,要进行函数声明。

(6)编写程序,将程序保存到文件 test6_6.c 中。

程序功能:定义一个函数 replaceall( ),其中包含三个形式参数,第一个是字符串型,后两个都是字符型,该函数返回一个整数。函数的功能是在字符串中查找第二个参数所代表的字符,如果找到,则用第三个参数所代表的字符替换它,最后将替换的次数作为返回值。

【操作提示】

①replaceall( )函数的实现。

```
int replaceall(char * str, char ch1, char ch2)
{
    /* 声明函数内部变量 */
    /* 在 str 字符串中查找所有的 ch1,并用 ch2 替换它 */
    /* 返回 ch1 被替换的次数 */
}
```

②主函数的实现。

在主函数中定义一个字符串和两个字符,并从键盘上输入相应的值;

调用 replaceall( )函数;

输出替换后的字符串及被替换的次数。

③当被调函数的位置在 main( )函数后面时,要进行函数声明。

(7)编写程序,将程序保存到文件 test6_7.c 中。

程序功能:某个公司采用公用电话线传递数据,数据是四位的整数,在传递过程中是加密的,加密规则如下:每位数字都加上 5,然后用所得的和除以 10 的余数代替该数字,再将第一位和第四位交换,第二位和第三位交换。

试编写一个程序,包含两个函数,一个是加密函数,用于加密从主函数中得到的四位整数,并将加密结果返回;另一个是解密函数,用于将返回的加密结果还原为原来的整数,并将还原后的数值返回给主函数。

【操作提示】

①加密函数的实现。

```
int encrypt(int ennum)
{
    /* 拆开 ennum 得到四位数字 */
    /* 按照加密规则对每位数字进行加密 */
    /* 将加密后的数字重组成一个整数 */
    /* 返回该整数 */
}
```

②解密函数的实现。

```
int decry(int denum)
{
    /* 拆开 denum 得到四位数字 */
```

/ * 按照加密的反规则对每位数字进行解密 * /

/ * 将解密后的数字重组成一个整数 * /

/ * 返回该整数 * /

}

③在主函数中调用 ennum 和 denum 函数,分别输出加密结果和解密结果。

(8)编写程序,将程序保存到文件 test6_8.c 中。

程序功能:定义一个函数 tenton( ),实现将形式参数表示的十进制整数转换成 n 进制数(设 n 的值只能为 2、8、16),其中 n 也作为函数的形式参数。在主函数中调用 tenton( ),并输出转换后的结果。

【操作提示】

①转换函数的实现。

```c
void tenton(int num, int n, char trans[])
{
    / * 循环求 num % n 的值,并存储到数组 trans 中 * /
    / * 逆序输出该数组的全部元素 * /
    / * 注意:要考虑 16 进制的特殊情况 * /
}
```

②在主函数中调用 tenton( )函数,并输出转换后的结果。

(9)编写程序,将程序保存到文件 test6_9.c 中。

程序功能:定义一个函数 transform( ),实现将一个 M×N 矩阵的各元素转置,变成一个 N×M 的矩阵。如下所示,将矩阵 A 的行列互换后转置成矩阵 B 的形式。

矩阵 A

$$\begin{bmatrix} 6 & 1 & 9 & 0 & 4 \\ 1 & 7 & 0 & 5 & 2 \\ 7 & 3 & 6 & 0 & 8 \\ 0 & 2 & 3 & 8 & 1 \end{bmatrix}$$

矩阵 B

$$\begin{bmatrix} 6 & 1 & 7 & 0 \\ 1 & 7 & 3 & 2 \\ 9 & 0 & 6 & 3 \\ 0 & 5 & 0 & 8 \\ 4 & 2 & 8 & 1 \end{bmatrix}$$

【操作提示】

①转置函数的实现。

```c
void transform(int guzh[], int guzh1[])
{
    / * 将数组 guzh 中每行上的元素赋给 guzh1 每列上的元素(用二重循环实现)* /
}
```

②在主函数中调用 transform( )函数,并输出转置后的结果。

【思考题】

①C 语言的函数有哪几类?

②函数定义、函数说明和函数调用的区别是什么?

③main 函数能否被其他函数调用?

④调用库函数与用户自定义函数的注意事项有哪些?

⑤函数调用的方式有哪几种？

⑥函数调用时参数的传递过程,实参和形参是否占用相同的内存空间？

⑦单个元素作为参数和数组名作为参数有何区别？

10.7　实验七　指　针

【实验目的及要求】

①通过实验了解地址、指针和指针变量的概念；

②熟练掌握指针变量的定义及指针运算符 & 和 * 的使用方法；

③掌握指针的算术运算；

④熟练掌握通过指针操作一维数组中的元素的方法；

⑤掌握通过指针操作二维数组中的元素的方法；

⑥了解存储器动态申请与释放的函数的使用；

⑦掌握指针数组的概念和操作方法；

⑧了解命令行参数的概念和操作方法。

【实验内容】

【要求】　本实验中所有的程序均使用指针方法来操作,不能使用数组下标的方法来操作。

(1)编写程序,将程序保存到文件 test7_1.c 中。

程序功能:定义一个浮点型变量 f 并赋初值为 2.0,再定义一个浮点型指针变量 pointer,使 pointer 指向 f,并输出以下各值:

①f 的值；

②f 的地址(&f)　　　(输出时用格式控制符%u)；

③pointer 的值　　　(输出时用格式控制符%u)；

④p 的地址　　　　(输出时用格式控制符%u)。

【操作提示】

①理解指针的定义形式；

②理解指针和指针指向地址的内容表达形式的差别；

③理解 & 和 * 运算符的使用。

(2)将下面程序保存到文件 test7_2.c 中,并调试运行。

程序功能:使下面的程序产生如下的运行结果。

执行情况一:

which style you want to :

capital (c) or uncapital (u):c <回车>

COMPUTER

执行情况二:

which style you want to :

capital (c) or uncapital (u):u<回车>

computer

源代码如下:

```c
# include <stdio.h>
main ()
{
    char s * ;
    char c;
    printf("which style you want to :/n");
    printf("capital ( c ) or uncapital(u):");
    c = getchar( );
    if (c = 'c')
        strcpy(s,"COMPUTER");
    else
        strcpy(s,"computer");
    put(s);
}
```

【操作提示】

①注意 printf 函数的格式及转义字符的使用;

②注意关系表达式的使用;

③注意指针的定义形式;

④注意库函数的使用。

(3)编写程序,并将程序保存到文件 test7_3.c 中。

程序功能:从键盘输入两个整型数据分别存入变量 a 和 b 中,按从大到小的顺序输出。

要求:使用函数和指针的方法来实现,在主函数中输入变量的值及输出处理后的结果,在排序子函数中将两个变量的值按从大到小的顺序排列。

【操作提示】

①子函数的实现。

定义子函数 swap( ),形式参数定义为指针变量;

在 swap( )函数体内比较传入指针指向地址的内容的大小,并按条件进行交换。

②主函数的实现。

主函数定义;

在主函数中调用 swap( )函数;

输出结果。

(4)编写程序,并将程序保存到文件 test7_4.c 中。

程序功能:不用系统提供的字符串操作函数,自己编写字符串函数实现 strlen( )、strcat( )、strcpy( )、strcmp( )等函数的功能,并在主函数中调用它们。

【操作提示】

①选编其中的一两个功能；

②分别将不同功能的函数保存到不同文件中,如 test7_4_1. c、test7_4_2. c 等。

(5)编写程序,并将程序保存到文件 test7_5. c 中。

程序功能:编写一个函数 sort( ),将数组 a 中的 n 个整数按从小到大的顺序排序,在主函数中调用它并输出排序后的结果。为了使主函数不太复杂,请再编写两个函数:input( )函数用来产生一组整数(可用随机数函数来产生);output( )函数用来输出数组 a 中的各元素。

【操作提示】

①形参用指针变量,实参用数组。

②排序函数 sort( )的实现。

```
void sort(int * str, int n)
{
    /*用冒泡法或选择法将 str 中的 n 个元素进行排序*/
    /*排序请按从小到大的顺序进行*/
}
```

③主函数的实现。

```
main( )
{
    /*定义一个有 n 个元素的整型数组 a*/
    /*调用 input( )函数,产生 n 个整数并存入数组 a 中*/
    /*调用 output( )函数输出排序前的数组元素*/
    /*调用 sort( )函数对数组进行排序*/
    /*调用 output( )函数输出排序后的数组元素*/
}
```

④注意当被调函数的位置在 main 函数后面时,要进行函数声明。

(6)编写程序,并将程序保存到文件 test7_6. c 中。

程序功能:定义一个指针数组,指向一组字符串,对这组字符串按字母顺序进行排序并输出排序后的结果。

【思考题】

①编写程序,将程序保存到文件 test7_7. c 中。

程序功能:将一个 3×3 的矩阵转置,用两个函数实现。在主函数中用 scanf 函数实现输入以下矩阵元素,将数组名作为函数实参。函数调用后在主函数中输出已转置的矩阵。

$$\begin{bmatrix} 1 & 3 & 5 \\ 7 & 9 & 11 \\ 13 & 15 & 19 \end{bmatrix}$$

②编写程序,将程序保存到文件 test7_8.c 中。

程序功能:使用命令行参数,从命令行参数中读取两个字符串,将这两个字符串连接在一起,并输出结果。例如,程序的可执行文件是 test7_8.exe,则执行 test7_8 abcdef xyz ＜回车＞的结果是在屏幕上显示 abcdefxyz。

10.8   实验八   结构体和文件

【实验目的及要求】

①理解和掌握结构体类型数据的说明和定义方法;

②熟练掌握对结构体类型数据的引用方法;

③掌握通过指向结构体的指针访问结构体成员的方法;

④理解和掌握文件类型指针的概念和定义方法;

⑤熟练掌握文件的打开、关闭的方法;

⑥掌握 fscanf( )和 fprintf( )的使用方法;

⑦掌握 fread( )和 fwrite( )的使用方法;

⑧了解 fgets( )和 fputs( )的使用方法;

⑨了解 rewind( )和 fseek( )的使用方法。

【实验内容】

(1)编写程序,将程序保存到文件 test8_1.c 中。

程序功能:定义一个结构体数组,结构体成员包括:学生的学号、姓名、性别、年龄和身高等信息。从键盘分别输入 5 个学生的各项信息,并在屏幕上显示每个学生的上述信息。要求输出形式较美观。

【操作提示】

①注意结构体数组的定义;

②注意结构体数组元素成员的正确引用。

(2)编写程序,将程序保存到文件 test8_2.c 中。

程序功能:将实验(1)中输入的 5 个学生的相关数据信息存储到磁盘文件 stu_list. dat 中,路径自己指定。

【操作提示】

①注意文件的打开和关闭操作;

②注意 fwrite( )函数的使用格式;

③检查磁盘的相应路径是否已经存在刚建立的文件 stu_list. dat。

(3)编写程序,将程序保存到文件 test8_3.c 中。

程序功能:从上述磁盘文件 stu_list. dat 中读取已存储的 5 个学生的数据信息,并在屏幕上显示。

【操作提示】

①注意 fread( )函数的使用格式;

②注意结构体变量成员的引用;

③检查输出的数据与输入的学生数据是否相符。

（4）编写程序，将程序保存到文件 test8_4.c 中。

程序功能：编写一个结构体类型 COMPLEX，表示一个复数的实部和虚部，实部命名为 real，虚部命名为 image，假设都限定为整型数据。编写一些函数，实现复数的各种运算，并用主函数调用这些函数。函数包括：

①add( )——计算两个复数的和；

②subtract( )——计算两个复数的差；

③multi( )——计算两个复数的乘积；

④divide( )——计算两个复数相除的结果；

⑤comprint( )——输出一个复数到屏幕上。

（5）编写程序，将程序保存到文件 test8_5.c 中。

程序功能：从键盘输入磁盘中已存在的一个文件 testdat8_5.dat，打开此文件，统计文件中的大写字母、小写字母、数字、空格及其他字符的个数。

【操作提示】

①使用 fgetc( )函数；

②使用循环进行统计，注意循环的结束条件。

（6）编写程序，将程序保存到文件 test8_6.c 中。

程序功能：编写程序将文件 file1.dat 的内容拷贝到文件 file2.dat 中，拷贝时将 file1.dat 中的所有小写字母均转换为大写字母。要求 file1.dat 和 file2.dat 均使用命令行参数输入。如本题的可执行文件为 test8_6.exe，则执行时输入 test8_6 file1.dat file2.dat，表示将 file1.dat 中的内容按要求拷贝到 file2.dat 中。

【操作提示】

①首先要确保源文件 file1.dat 存在；

②循环读取 file1.dat 中的字符，如果是小写字母，则转换为大写字母；

③将获取的字符依次写入到 file2.dat 中；

④注意文件的打开和关闭。

（7）编写程序，将程序保存到文件 test8_7.c 中。

程序功能：编写一些函数，并在主函数中调用它们，实现如下操作：

（1）generate( )——产生若干个随机正整数（0～300），并将它们存储到文件 data.dat 中；

（2）getdata( )——从文件 data.dat 中随机获取两个数据，要求这两个数据不是文件中同一个位置的数据；

（3）genopera( )——产生一个随机的算术运算符号，即 ＋、－、＊、/、％ 中的任意一个；

（4）主函数 main( )——调用上述函数，循环进行四则运算，并判断结果的正确性，如果正确的次数已达 5 次，则退出运算，结束程序的运行。

【操作提示】

①产生随机数时注意随机数种子的选择及确定随机数的范围；

②随机算术运算符可以用产生随机数的办法来产生,例如,随机产生 0~4 的一个数,如果是 0 则认为产生的是+,如果是 1 则认为产生的是-,以此类推;

③在主函数中用 switch 语句来判断到底要进行什么操作。

【思考题】

①什么是文件类型指针?

②对文件的打开和关闭的含义是什么?为什么要打开和关闭文件?

③文件打开方式中的"r"和"rb"的区别?

10.9 综合项目训练

【训练目的】

①进一步深入掌握 C 语言的基础知识;

②进一步理解程序设计的思想;

③在掌握 C 语言基础知识的前提下,提高对整个语言的综合使用能力;

④理解和掌握怎样运用 C 语言来编制较强功能的程序;

⑤掌握 Visual C++ 6.0 集成开发环境下调试程序的方法。

【训练要求】

①独立完成课程设计的各项内容;

②掌握查阅资料和使用 Visual C++ 6.0 集成开发环境的帮助功能;

③程序运行可靠、安全,有较好的编程风格;

④程序中的注释要准确、完善。

【训练内容】

根据综合项目训练的要求,从以下各节中任选一个综合项目训练题目,理解项目分析和设计,并完成项目的编码,对项目进行测试。

10.9.1 基于结构体数组的学生成绩管理系统

【问题定义】

编写程序,能够实现学生成绩管理系统的各个功能,包括"录入学生成绩"、"显示学生成绩"、"查找学生成绩"、"删除学生成绩"、"排序学生成绩"、"插入学生成绩"、"存储学生记录"、"读取学生记录到内存"、"备份学生成绩"等功能。

【项目分析】

根据"问题定义"中的几项功能要求,细化每一个功能的步骤及输入和输出数据,并补充系统隐含的需求。

1. 细化已有功能

(1)录入学生成绩:从键盘上手动一条一条地输入学生的成绩信息,可重复输入,直到所输入的学号为空时停止。输入的每条信息内容和顺序为:学号、姓名、性别、年龄、然后是三门课的成绩(假定分别为 C 语言、英语、数据库)。录入完每条记录后,需要计算该生的总成绩和三门课程的平均成绩。

【扩展】　若有余力,可以考虑自动从文件中读取全部学生的成绩信息到系统中,直到文件读完时停止。

(2)显示学生成绩:可将系统中存储的学生成绩分行显示在屏幕上,每屏显示 10 条记录,每屏显示完毕后,需要暂停屏幕显示,等用户按任意键后继续显示下一屏。

(3)查找学生成绩:可按学号或姓名来查找学生的信息。先从键盘接收用户输入的学号或姓名,然后到数组中去查找是否存在记录,如果不存在,则输出"查无此人,请检查输入的学号(或姓名)是否合法"的提示信息,否则,输出该学生的成绩信息。输出的每条信息内容和顺序为:学号、姓名、性别、年龄、C 语言成绩、英语成绩、数据库成绩、总成绩、平均成绩。

(4)删除学生成绩:可按学号或姓名先查找学生的信息,然后删除,删除成功后显示"删除成功"的提示信息。若无该生的信息,则显示"查无此人"的出错提示信息。

(5)排序学生成绩:可对所有成绩记录分别按学号、姓名、总成绩等进行降序或升序排序。排序结束后,显示排序后的全部学生成绩记录。

(6)插入学生成绩:往已经排好序的记录中插入一个新的记录,并且让所有记录仍保持某种排序顺序。假设插入学生成绩时,固定按"学号"进行升序排序。

(7)存储学生记录:将内存中的数据存储到硬盘文件中。

(8)读取学生记录到内存:从系统存储数据的文件中将学生信息读取到内存中。

(9)备份学生成绩:将当前系统中存储学生信息的文件中的所有记录复制到另外一个文件中,以作备份。

【扩展】　若有余力,可以考虑恢复文件信息,即从备份的文件中将信息拷贝回系统保存成绩的文件中。

2.找出隐含需求

(1)由于系统的功能较多(共 9 个),因此,程序执行时,需要有一个菜单,用以提示用户选择执行哪项功能。菜单要列明全部的功能,并在每项功能前提供一个可分辨的功能号(如 1、2、3 等)。

(2)需要为系统提供一个退出的功能。

【项目设计】

本系统较复杂,因此,采用从上到下逐步求精的方法来设计。

1.绘制系统结构图

系统结构图如图 10-1 所示。

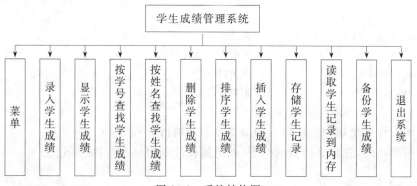

图 10-1　系统结构图

2.绘制系统主函数的流程图

系统 N-S 图如图 10-2 所示。

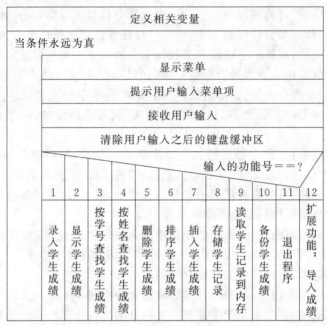

图 10-2 系统 N-S 图

【注意】 清除键盘缓冲区的语句可用"while(getchar()! ='\n');"。

3.分析并设计出系统需要用到的数据结构

本系统需要存储多名学生的成绩信息,每个学生成绩信息由若干项组成,因此,需要先定义一个结构体。该结构体至少应包含以下几个成员:学号、姓名、性别、年龄、三门课程的成绩、总成绩、平均成绩。在系统中需要用结构体数组来存储数据。

结构体定义的形式可如下所示(仅供参考):

```
typedef  struct  STUDENT{
    char stu_no[12];          /*学号*/
    char stu_name[10];        /*姓名*/
    char stu_gender;          /*性别*/
    int age;                  /*年龄*/
    int clanguage;            /*C语言成绩*/
    int english;              /*英语成绩*/
    int database;             /*数据库成绩*/
    int total;                /*总成绩*/
    double average;           /*平均成绩*/
} STU;  /*将结构体类型换名为 STU*/
```

4.详细设计每个功能模块对应的函数原型及执行流程

对于每个功能,先定义函数的原型,然后具体绘制出该函数的 N-S 图。

（1）菜单显示模块

函数原型定义为：void displayMenu( );

菜单样式定义为如下形式：

```
* * * * * * * * * * * *MENU* * * * * * * * * * * * * * * * *
1. Enter record(a record one time)
2. List the file(10 records in a screen)
3. Search record by number
4. Search record by name
5. Delete a record
6. Sort to make new file
7. Insert record
8. Save into the file
9. Load from the file
10. Backup－－Copy the file to a new file
11. Quit
12. More functions…
* * * * * * * * * * * * * * * * * * * * * * * * * * * * * *
```

本函数的 N-S 图较简单，请读者自己绘制。

（2）录入学生成绩

函数原型定义为：int inputScore(STU score[ ], int maxLength);

参数 score 是存储学生成绩的结构体数组，参数 maxLength 是该数组所能存储的最多元素个数。返回值为实际输入的学生成绩记录的个数。

【注意】 本函数的结束条件是"输入的学号为空"。

N-S 图如图 10-3 所示。

定义变量 count，并初始化为 0
提示输入学生学号
接收用户输入的学生学号
当 count＜maxLength 且学号不为空
提示并接收用户输入的学生姓名
提示并接收用户输入的学生性别
提示并接收用户输入的学生年龄
提示并接收用户输入的学生 C 语言成绩
提示并接收用户输入的学生英语成绩
提示并接收用户输入的学生数据库成绩
计算该生的总成绩和平均成绩
清除键盘缓冲区
count 增 1
再次提示并接收用户输入的学生学号
返回 count 的值

图 10-3　录入学生成绩的 N-S 图

清除键盘缓冲区的语句可用"while(getchar()！＝'\n')；"。

判断学号不为空的语句可用"strlen(score[i].no)！＝0；"。

(3)显示学生成绩

函数原型定义为：void listScores(STU score[ ], int length)；

参数 score 是存储学生成绩的结构体数组,参数 length 是成绩数组中实际存储的元素个数。

【注意】 显示学生成绩时,每屏显示 10 条记录,每屏显示完毕后,暂停显示,用户按任意键后再显示下一屏。

N-S 图如图 10-4 所示。

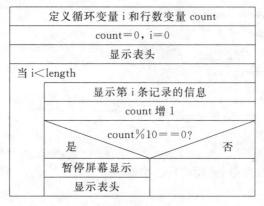

图 10-4 显示学生成绩的 N-S 图

(4)按学号查找学生成绩

函数原型定义为：void searchByNumber(STU score[ ], int length, char no[ ])；

参数 score 是存储学生成绩的结构体数组,参数 length 是成绩数组中实际存储的元素个数,参数 no 是待查找的学生的学号。

【注意】 查找到学生成绩记录后,立即显示在屏幕上,若是未查找到,则显示出错信息。

N-S 图如图 10-5 所示。

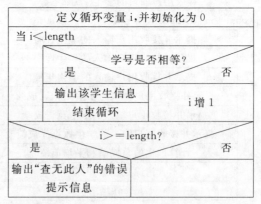

图 10-5 按学号查找学生成绩的 N-S 图

判定学号相等的语句可用"strcmp(no,score[i].no)＝＝0；"。

(5)按姓名查找学生成绩

函数原型定义为:void searchByName(STU score[ ], int length, char name[ ]);

参数 score 是存储学生成绩的结构体数组,参数 length 是该数组中实际存储的元素个数,参数 name 是待查找的学生的姓名。

【注意】　查找到学生成绩记录后,立即显示在屏幕上,若是未查找到,则显示出错信息。

N-S 图如图 10-6 所示。

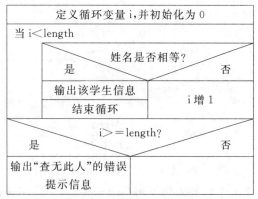

图 10-6　按姓名查找学生成绩的 N-S 图

判定姓名相等的语句可用“strcmp(name,score[i].name)==0;”。

(6)删除学生成绩(按学号来进行查找,然后删除)

函数原型定义为:int DeleteByNumber(STU score[ ], int length, char no[ ]);

参数 score 是存储学生成绩的结构体数组,参数 length 是该数组中实际存储的元素个数,参数 no 是准备删除成绩的学生的学号。返回值是删除后的数组中成绩的个数(删除成功,则个数减 1,否则个数不变)。

N-S 图如图 10-7 所示。

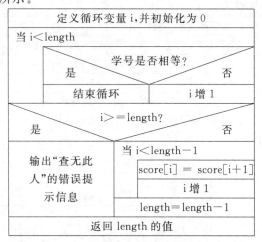

图 10-7　按学号删除学生成绩的 N-S 图

判定学号相等的语句可用“strcmp(no,score[i].no)==0;”。

(7)排序学生成绩(以按学号排序为例)

函数原型定义为:void sortByNumber(STU score[ ], int length);

参数 score 是存储学生成绩的结构体数组,参数 length 是该数组中实际存储的元素个数。

N-S图如图10-8所示。

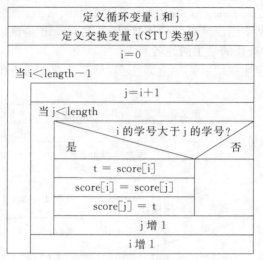

图 10-8　按学号排序学生成绩的 N-S 图

判定 i 的学号大于 j 的学号的语句可用"strcmp(score[i].no,score[j].no)>0;"。

(8)插入学生成绩

函数原型定义为:int insertScore(STU score[ ], int length, int maxLength);

参数 score 是存储学生成绩的结构体数组,参数 length 是该数组中实际存储的元素个数,参数 maxLength 是该数组所能存储的最多元素个数。返回值是插入一条成绩记录后成绩记录的总个数(即比插入之前多 1 条记录)。

【注意】　插入学生成绩是按学号升序排序来插入,因此,在插入之前必须先按学号升序将已有成绩记录排好序。

N-S图如图10-9所示。

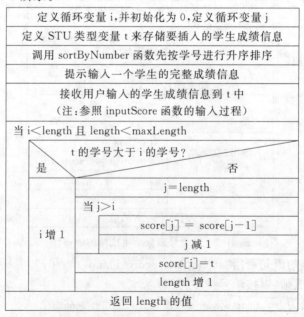

图 10-9　按学号插入学生成绩的 N-S 图

(9)存储学生记录

函数原型定义为:void savaToFile(STU score[ ], int length);

参数 score 是存储学生成绩的结构体数组,参数 length 是该数组中实际存储的元素个数。

【注意】　考虑到文件名的简单处理,本函数将成绩文件固定为 scoreinfo. dat。

N-S 图如图 10-10 所示。

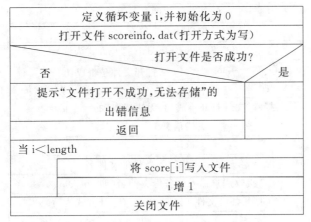

图 10-10　存储学生成绩的 N-S 图

打开文件是否成功的语句可用"fp==NULL;",fp 是被打开文件的指针。

(10)读取学生记录到内存

即将文件 scoreinfo. dat 中的成绩记录信息逐条读取到内存的 score 结构体数组中。

函数原型定义为:int loadFromFile(STU score[ ], int maxLength);

参数 score 是存储学生成绩的结构体数组,参数 maxLength 是该数组所能存储的最多元素个数。返回值为实际从文件中读取到的学生成绩记录的个数。

N-S 图如图 10-11 所示。

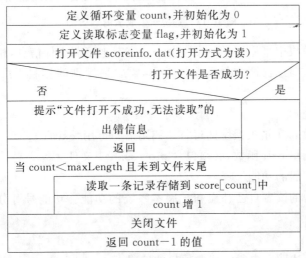

图 10-11　读取学生成绩到内存的 N-S 图

判断未到文件末尾的语句可用"! feof(fp);",fp 是被打开文件的指针。

(11)备份学生成绩

将 scoreinfo. dat 的内容备份到其他文件。文件名可以由用户来指定。

函数原型定义为:void backupScore( );

【注意】 必须在 backupScore 函数中声明备份文件名。

N-S 图如图 10-12 所示。

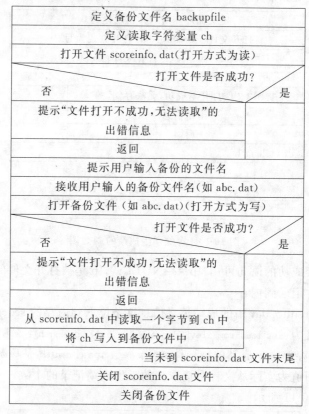

图 10-12 备份学生成绩的 N-S 图

【注意】 本模块中采用的是一个字节一个字节地复制文件信息,相对而言,这种操作算法的效率较低。要想提高文件复制的效率,需要采用别的复制算法,读者可查阅相关资料。

(12)退出系统

调用系统函数 exit 结束系统的运行。调用语句可用"exit(0);"。

【注意】 要调用 exit 函数,必须包含 process. h 头文件。

(13)其他可扩展的功能

留待学有余力的读者自己补充和扩展本系统的功能。功能号可分别指定为 12、13、14 等。

【项目实现】

请读者根据上述图示自行完成此项目的编码。

【项目测试】

完成编码后,可输入一些数据来测试程序,查看程序执行是否正确。

10.9.2　基于一维数组的图书价格管理系统

本系统的设计和实施,主要是熟练和掌握一维数组的各种操作算法。

【问题定义】

对存储在一个一维数组中的多本图书的价格进行各种管理操作,包括录入图书价格、输出图书价格、查找某个价格、查找最高(或最低)价格、对图书价格进行升序(或降序)排序、统计某个价格区间内图书的总价等功能。

【项目分析】

根据问题定义中的描述,细化各个功能模块。

(1)录入图书价格:从键盘上将图书价格逐一录入到数组中,当输入价格为负数时停止输入。输入结束后,程序要返回已录入的图书的本数。

(2)输出图书价格:将已经录入到数组中的各本图书的价格以列表的形式输出到屏幕上,每屏输出 10 行,每行输出 2 本。每输出一屏后,暂停输出,等待用户按任意键后再输出下一屏。假设输出在屏幕上的格式为"图书序号　　图书价格",如下面可能是某时刻的输出形式:

1	22.70	2	18.90
3	65.10	4	29.00
5	27.00	6	98.35
7	61.80	8	19.50
9	20.50	10	22.75

按任意键继续显示…

(3)查找某个价格:从键盘输入一个价格,查找图书价格数组中是否有此价格的书,若有,输出该书(价格)在数组中的下标值,若没有,则显示"查无此书"的错误提示信息。

(4)查找最高价格:从所有的图书价格中找出最高的价格,并输出该价格在数组中的下标值。

【扩展】　查找最低价格的功能请读者自己完成。

(5)对图书价格进行升序排序:将数组中的所有图书的价格按从低到高的顺序进行排序。

【扩展】　降序排序的功能请读者自己完成。

(6)统计某个价格区间的图书总价:从键盘输入两个价格(低的在前,高的在后),汇总位于这两个价格区间内的所有图书的总价,并在屏幕上输出该总价。

(7)分析本系统后,发现还有隐藏功能,即菜单显示功能。在屏幕上列表显示本系统所能做的各项功能的名字,以供用户选择。

(8)还需要退出系统的功能。

【项目设计】

本系统将图书的价格数据存储在一个一维数组中,该数组可定义为"double　book-

Price[MAX];",MAX 是一个符号常量,即是图书的最大数量,例如 1000,代表最多能够容纳 1000 本图书。可在程序的开头用如下预编译语句定义 MAX:"# define   MAX 1000"。

系统的详细设计如下:

(1)系统总体结构图

本系统的总体结构图如图 10-13 所示。

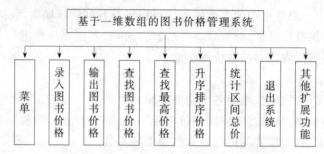

图 10-13 图书价格管理系统的系统结构图

(2)系统的总体流程图

即本系统主函数的执行流程,如图 10-14 所示。

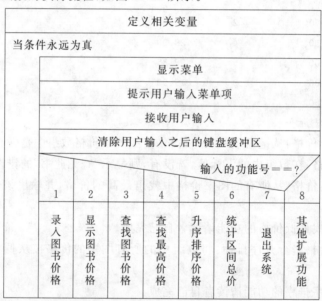

图 10-14 图书价格管理系统主函数的 N-S 图

(3)菜单显示功能

函数原型定义为:void showMenu( );

假设菜单显示为如下形式:

```
* * * * * * * * * * * * * Menu * * * * * * * * * * * * * * * *
                  1. 录入图书价格
                  2. 显示图书价格
                  3. 查找图书价格
                  4. 查找最高价格
                  5. 升序排序价格
                  6. 统计区间总价
                  7. 退出系统
                  8. …(其他扩展功能)

* * * * * * * * * * * * * * * * * * * * * * * * * * * * * *
```

(4)录入图书价格

函数原型定义为:int inputBookPrice(double bookPrice[ ], int maxLength);

参数 bookPrice 是存储图书价格的一维数组,参数 maxLength 是该数组能够容纳的最多元素个数。函数返回值为实际输入的元素(即图书价格)个数。

录入图书价格的 N-S 图如图 10-15 所示。

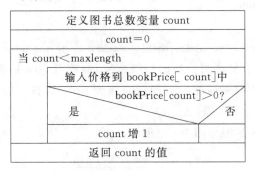

图 10-15   录入图书价格的 N-S 图

(5)显示图书价格

函数原型定义为:void outputBookPrice(double bookPrice[ ], int length);

参数 bookPrice 是存储图书价格的一维数组,参数 length 是数组中实际存储的元素个数。

显示图书价格的 N-S 图如图 10-16 所示。

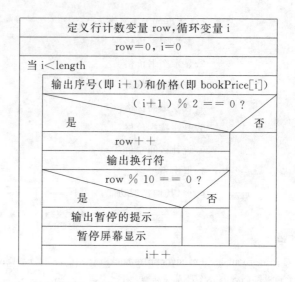

图 10-16　显示图书价格的 N-S 图

屏幕暂停可以使用语句"getch();"。要正确调用该语句,需要在程序的开头包含头文件"#include ＜conio. h＞"。

(6)查找图书价格

函数原型定义为:int searchPrice(double bookPrice[ ], int length, double price);

参数 bookPrice 是存储图书价格的一维数组,参数 length 是数组中实际存储的元素个数,参数 price 是待查找的价格。返回值是找到 price 后该元素的下标值,如果未查找到,则返回一个不可能的下标值(如-1)。

查找图书价格的 N-S 图如图 10-17 所示。

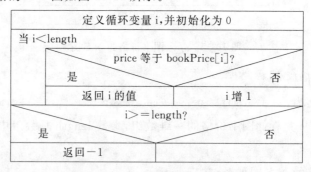

图 10-17　查找图书价格的 N-S 图

判定 price 等于 bookPrice[i]的语句可用"fabs(price-bookPrice[i])＜1e-6;"。

(7)查找最高价格

函数原型定义为:int searchHighestPrice(double bookPrice[ ], int length);

参数 bookPrice 是存储图书价格的一维数组,参数 length 是数组中实际存储的元素个数。返回值是最高价格所在元素的下标值。

查找最高价格的 N-S 图如图 10-18 所示。

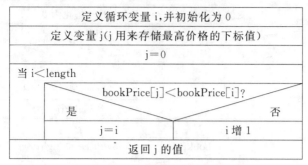

图 10-18 查找最高价格的 N-S 图

(8)升序排序价格

函数原型定义为：void sortPriceAscend(double bookPrice[ ], int length);

参数 bookPrice 是存储图书价格的一维数组,参数 length 是数组中实际存储的元素个数。

升序排序价格的 N-S 图如图 10-19 所示。

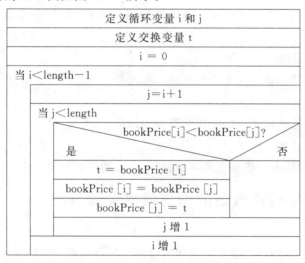

图 10-19 升序排序价格的 N-S 图

(9)统计区间总价

函数原型定义为：double totalPrice(double bookPrice[ ], int length, double lowPrice, double highPrice);

参数 bookPrice 是存储图书价格的一维数组,参数 length 是数组中实际存储的元素个数,参数 lowPrice 是区间的低价格,参数 highPrice 是区间的高价格。返回值是所有介于 lowPrice 和 highPrice 之间的图书价格的总和。

统计区间总价的 N-S 图如图 10-20 所示。

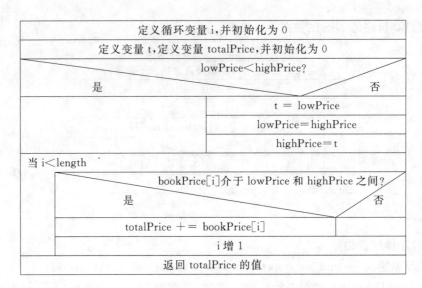

图 10-20　统计区间总价的 N-S 图

（10）退出系统

退出系统的语句为"exit(0);"。要正确调用 exit 函数，需要包含头文件"＃include ＜process. h＞"。

（11）其他扩展功能

其他扩展功能请读者在本系统的基础上补充。

【项目实现】

请读者根据上述的描述自行完成此项目的编码。

【项目测试】

完成编码后，可输入一些数据来测试程序，查看程序执行是否正确。

10.9.3　基于结构体数组的图书信息管理系统

【问题定义】

编写程序，利用结构体数组来实现图书管理的各种功能，包括"录入图书信息"、"显示图书信息"、"查找图书信息"、"删除图书信息"、"排序图书信息"、"插入图书信息"、"存储图书信息"、"读取图书信息到内存"、"备份图书信息"等功能。

【项目分析】

根据"问题定义"中的几项功能要求，细化每一个功能的步骤及输入和输出数据，并补充上隐含的需求。

1. 细化已有功能

（1）录入图书信息：从键盘上手动一条一条地输入图书信息，可重复输入，直到所输入的 ISBN（国标标准书号）为空时停止。输入的每条信息内容和顺序为：ISBN、书名、价格、作者、出版社（读者也可以根据实际情况再加入某些属性，如页数、字数、印数等）。

（2）显示图书信息：可将系统中存储的图书信息分行显示在屏幕上，每屏显示 10 条记录,每屏显示完毕后,需要暂停屏幕,等用户按任意键后继续显示下一屏。

(3)查找图书信息:可按 ISBN、书名、出版社等来查找图书信息。先从键盘接收用户输入的 ISBN(或书名或出版社),然后到数组中去查找是否存在记录,如果不存在,则输出"查无此书,请检查输入的 ISBN(或书名或出版社)是否合法"的提示信息,否则,输出该图书的信息。输出的每条信息内容和顺序为:ISBN、书名、价格、作者、出版社等。

(4)删除图书信息:可按 ISBN(或书名或出版社)先查找图书信息,然后删除,删除成功后显示"删除成功"的提示信息。若无该书的信息,则显示"查无此书"的出错提示信息。

(5)排序图书信息:可对所有图书信息记录分别按 ISBN(或书名或价格或出版社)等进行降序或升序排序。排序结束后,显示排序后的全部图书信息记录。

(6)插入图书信息:往已经排好序的记录中插入一个新的记录,并且让所有记录仍保持某种排序顺序。假设插入图书信息时,固定按 ISBN 进行升序排序。

(7)存储图书信息:将内存中的数据存储到硬盘文件中。

(8)读取图书信息到内存:从系统存储数据的文件中将图书信息读取到内存中。

(9)备份图书信息:将当前系统中存储图书信息的文件中的所有记录信息复制到另外一个文件中,以作备份。

【扩展】 若有余力,可以考虑恢复文件信息,即从备份的文件中将信息拷贝回系统保存成绩的文件中。

2. 找出隐含需求

(1)由于系统的功能较多(共 9 个),因此,程序执行时需要一个菜单,用以提示用户选择执行哪项功能。菜单要列明全部的功能,并在每项功能前提供一个可分辨的功能号(如 1、2、3 等)。

(2)需要为系统提供一个退出的功能。

【项目设计】

本系统较复杂,因此,采用从上到下逐步求精的方法来设计。

1. 绘制系统结构图

系统结构图如图 10-21 所示。

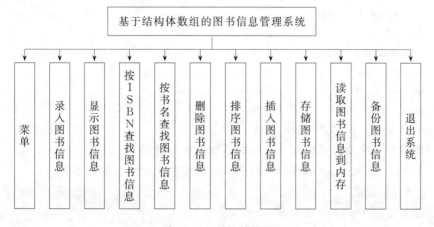

图 10-21 系统结构图

2.绘制系统主函数的流程图

系统 N-S 图如图 10-22 所示。

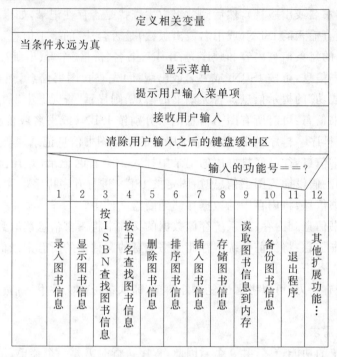

图 10-22 系统 N-S 图

注意:清除键盘缓冲区的语句可用"while(getchar()! ='\n');"。

3.分析并设计出系统需要用到的数据结构

本系统需要存储多本图书的信息,每个图书信息由若干项组成,因此,需要先定义一个结构体。该结构体至少应包含以下几个成员:ISBN、书名、价格、作者、出版社(更多的成员读者可自己添加)。在系统中需要用到结构体数组来存储数据。

结构体定义的形式可如下所示(仅供参考):

```
typedef  struct   bookInfo{
    char isbn[30];            /* ISBN */
    char book_name[10];       /* 书名 */
    double price;             /* 价格 */
    char writer[30];          /* 作者 */
    char publisher[30];       /* 出版社 */
} BOOK ;   /* 将结构体类型换名为 BOOK */
```

4.详细设计每个功能模块对应的函数原型及执行流程

对于每个功能,先定义函数的原型,然后具体绘制出该函数的 N-S 图。

(1)菜单显示模块

函数原型定义为:void displayMenu( );

菜单样式定义为如下形式:

```
* * * * * * * * * * * * *MENU* * * * * * * * * * * * * * *
                1.录入图书信息
                2.输出图书信息
                3.按 ISBN 查找图书信息
                4.按书名查找图书信息
                5.删除图书信息
                6.排序图书信息
                7.插入图书信息
                8.存储图书信息
                9.读取图书信息到内存
                10.备份图书信息
                11.退出
                12.其他扩展功能…
* * * * * * * * * * * * * * * * * * * * * * * * * * * * *
```

本函数的 N-S 图较简单,请读者自己绘制。

(2)录入图书信息

函数原型定义为:int inputBook(BOOK book[ ], int maxLength);

参数 book 是存储图书信息的结构体数组,参数 maxLength 是该数组所能存储的最多元素个数。返回值为实际输入的图书信息的个数。

【注意】　本函数的结束条件是"输入的 ISBN 为空"。

N-S 图如图 10-23 所示。

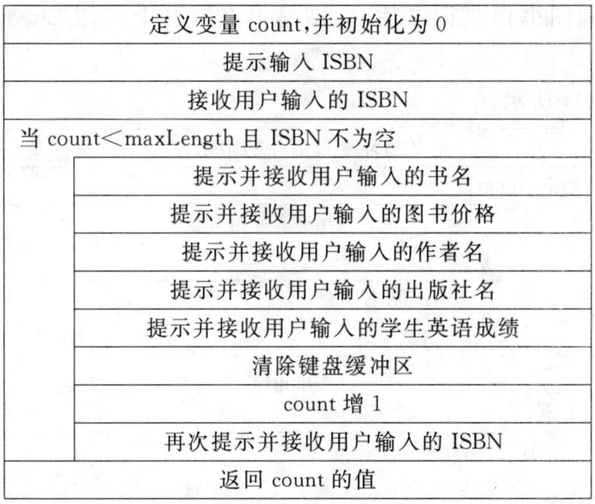

定义变量 count,并初始化为 0
提示输入 ISBN
接收用户输入的 ISBN
当 count<maxLength 且 ISBN 不为空
提示并接收用户输入的书名
提示并接收用户输入的图书价格
提示并接收用户输入的作者名
提示并接收用户输入的出版社名
提示并接收用户输入的学生英语成绩
清除键盘缓冲区
count 增 1
再次提示并接收用户输入的 ISBN
返回 count 的值

图 10-23　录入图书信息的 N-S 图

清除键盘缓冲区的语句可用"while(getchar()！ ＝'\n');"。

判断 ISBN 不为空的语句可用"strlen(book[i].isbn)！＝0;"。

(3)显示图书信息

函数原型定义为:void listBook(BOOK book[ ], int length);

参数 book 是存储图书信息的结构体数组,参数 length 是该数组中实际存储的元素个数。

【注意】 显示图书信息时,每屏显示 10 条记录,每屏显示完毕后,暂停显示,用户按任意键后再显示下一屏。

N-S 图如图 10-24 所示。

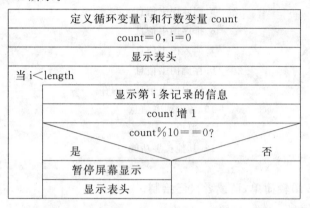

图 10-24 显示图书信息的 N-S 图

(4)按 ISBN 查找图书信息

函数原型定义为:void searchByISBNr(BOOK book[ ], int length, char isbn[ ]);

参数 book 是存储图书信息的结构体数组,参数 length 是该数组中实际存储的元素个数,参数 isbn 是待查找的图书的 ISBN。

【注意】 查找到图书信息记录后,立即显示在屏幕上,若是未查找到,则显示出错信息。

N-S 图如图 10-25 所示。

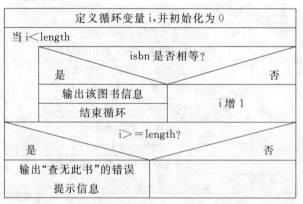

图 10-25 按 ISBN 查找图书信息的 N-S 图

判定 ISBN 相等的语句可用"strcmp(isbn, book[i].isbn)==0;"。

(5)按书名查找图书信息

函数原型定义为:void searchByName(BOOK book[ ], int length, char name[ ]);

参数 book 是存储图书信息的结构体数组,参数 length 是该数组中实际存储的元素个数,参数 name 是待查找的图书的书名。

【注意】　查找到图书信息记录后,立即显示在屏幕上,若是未查找到,则显示出错信息。

N-S 图如图 10-26 所示。

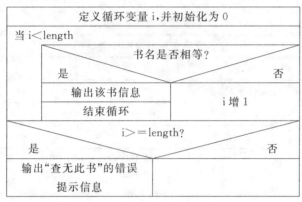

图 10-26　按书名查找图书信息的 N-S 图

判定书名相等的语句可用"strcmp(name, book[i].name)==0;"。

(6)删除图书信息(按 ISBN 来进行查找,然后删除)

函数原型定义为:int DeleteByISBN(BOOK book[ ], int length, char isbn[ ]);

参数 book 是存储图书信息的结构体数组,参数 length 是该数组中实际存储的元素个数,参数 isbn 是准备删除的图书的 ISBN。返回值是删除后的数组中图书信息的个数(删除成功,则个数减 1,否则个数不变)。

N-S 图如图 10-27 所示。

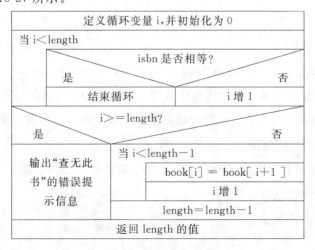

图 10-27　按 ISBN 删除图书信息的 N-S 图

判定 ISBN 相等的语句可用"strcmp(isbn，book[i].no)==0;"。

(7)排序图书信息(以按 ISBN 排序为例)

函数原型定义为:void sortByISBN(BOOK book[ ]，int length);

参数 book 是存储图书信息的结构体数组,参数 length 是该数组中实际存储的元素个数。

N-S 图如图 10-28 所示。

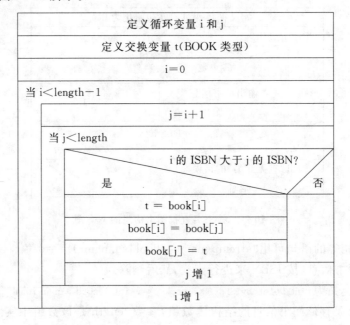

图 10-28　按 ISBN 排序图书信息的 N-S 图

判定 i 的 ISBN 大于 j 的 ISBN 的语句可用"strcmp(book[i].isbn，book[j].isbn) > 0;"。

(8)插入图书信息

函数原型定义为:int insertBook(BOOK book[ ]，int length，int maxLength);

参数 book 是存储图书信息的结构体数组,参数 length 是该数组中实际存储的元素个数,参数 maxLength 是该数组所能存储的最多元素个数。返回值是插入一条图书信息后图书信息的总个数(即比插入之前多 1 个)。

【注意】　插入图书信息是按 ISBN 升序排序来插入,因此,在插入之前必须先按 IS-BN 升序将已有图书信息排好序。

N-S 图如图 10-29 所示。

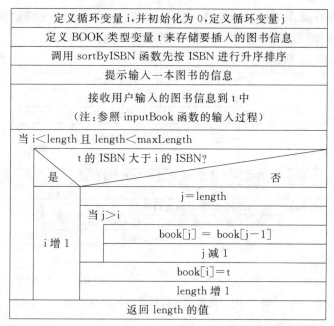

图 10-29　按 ISBN 插入图书信息的 N-S 图

（9）存储图书信息

函数原型定义为：void savaToFile(BOOK book[ ], int length);

参数 book 是存储图书信息的结构体数组，参数 length 是该数组中实际存储的元素个数。

【注意】　考虑到文件名的简单处理，本函数将成绩文件固定为 bookinfo.dat。

N-S 图如图 10-30 所示。

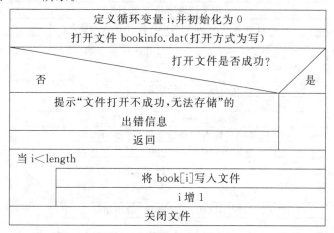

图 10-30　存储图书信息的 N-S 图

打开文件是否成功的语句可用"fp==NULL;"，fp 是被打开文件的指针。

（10）读取图书信息到内存

即将文件 bookinfo.dat 中的图书信息逐条读取到内存的 book 结构体数组中。

函数原型定义为：int loadFromFile(BOOK book[ ], int maxLength);

参数 book 是存储图书信息的结构体数组,参数 maxLength 是该数组所能存储的最多元素个数。返回值为实际从文件中读取到的图书信息的个数。

N-S 图如图 10-31 所示。

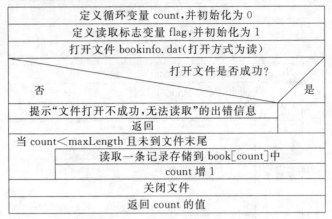

图 10-31　读取图书信息到内存的 N-S 图

判断未到文件末尾的语句可用"! feof(fp);",其中 fp 是被打开文件的指针。

(11)备份图书信息

将 bookinfo. dat 的内容备份到其他文件。文件名可以由用户来指定。

函数原型定义为:void backupBook( );

【注意】　必须在 backupBook 函数中声明备份文件名。

N-S 图如图 10-32 所示。

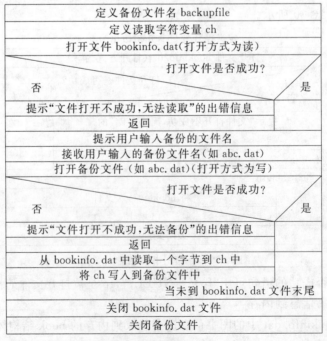

图 10-32　备份图书信息的 N-S 图

【注意】　本模块中采用的是一个字节一个字节地复制文件信息,相对而言,这种操作算法的效率较低。要想提高文件复制的效率,需要采用别的复制算法,读者可查阅相关资料。

(12)退出系统

调用系统函数 exit 结束系统的运行。调用语句可用"exit(0);"。

【注意】　要调用 exit 函数,必须包含 process.h 头文件。

(13)其他可扩展的功能

留待学有余力的读者自己补充和扩展本系统的功能。功能号可分别指定为 12、13、14 等。

扩展功能可包括(但不仅限于)以下功能,相关 N-S 图请读者自己完成。

(1)查某个出版社的全部图书信息。

(2)查找最贵的图书信息。

(3)统计某个出版社所有图书的总价。

(4)统计某个价格区间内的所有图书信息。

【项目实现】

请读者根据上述图示自行完成此项目的编码。

【项目测试】

完成编码后,可输入一些数据来测试程序,查看程序执行是否正确。

10.9.4　基于链表的图书信息管理系统

【问题定义】

编写程序,利用链表来实现图书信息管理的各种功能,包括"录入图书信息"、"显示图书信息"、"查找图书信息"、"删除图书信息"、"修改图书信息"、"统计汇总图书信息"、"存储图书信息"、"读取图书信息到内存"、"备份图书信息"等功能。

【项目分析】

根据"问题定义"中的几项功能要求,细化每一个功能的步骤及输入和输出数据,并补充上隐含的需求。

1.细化已有功能

由于"基于链表的图书信息管理系统"与"基于结构体数组的图书信息管理系统"功能类似,所以此处不再赘述,请读者参考 10.9.3 节。

对于"修改图书信息"功能,基本过程是:先按 ISBN 查找某本图书,然后对该图书的信息进行修改。

对于"统计汇总图书"功能,可以包括按"出版社"来进行统计汇总,按"价格区间"来进行统计汇总等。

2.找出隐含需求

(1)由于系统的功能较多,因此,程序执行时,需要有一个菜单,用以提示用户选择执行哪项功能。菜单要列明全部的功能,并在每项功能前提供一个可分辨的功能号(如 1、2、3 等)。

(2)需要为系统提供一个退出的功能。

【项目设计】

本系统较复杂,因此,采用从上到下逐步求精的方法来设计。

1.绘制系统结构图

系统结构图如图 10-33 所示。

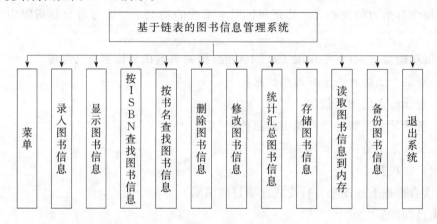

图 10-33　系统结构图

2.绘制系统主函数的流程图

请参阅图 10-22。

3.分析并设计出系统需要用到的数据结构

本系统需要存储多本图书的信息,每个图书信息由若干项组成,因此,需要先定义一个结构体,并使之能够构成链表。该结构体至少应包含以下几个成员:ISBN、书名、价格、作者、出版社(更多的成员读者可自己添加)。在系统中需要用链表来存储数据。

结构体定义的形式可如下所示(仅供参考):

```
typedef  struct  bookInfo{
    char isbn[30];              /* ISBN */
    char book_name[10];        /* 书名 */
    double price;              /* 价格 */
    char writer[30];           /* 作者 */
    char publisher[30];        /* 出版社 */
    struct bookInfo * next;    /* 指向下一个结点的指针 */
} BOOK ;  /* 将结构体类型换名为 BOOK */
```

4.详细设计每个功能模块对应的函数原型及执行流程

对于每个功能,先定义函数的原型,然后具体绘制出该函数的 N-S 图。具体请参阅 10.9.3 节,请读者自己转换为对链表的不同操作。

其他可扩展的功能：

留待学有余力的读者自己补充和扩展本系统的功能。

扩展功能可包括(但不仅限于)以下功能：

(1)查找某个出版社的全部图书信息。

(2)查找某个出版社的最贵(便宜)的图书信息。

(3)统计某个出版社的所有图书的总价。

(4)查找某个出版社的某个价格区间内的所有图书信息。

【项目实现】

请读者自行完成此项目的编码。关于链表的一些操作算法,可参阅本书 8.7 节。

【项目测试】

完成编码后,可输入一些数据来测试程序,查看程序执行是否正确。

第三部分
VC 使用指南

第11章 VC 的安装

本章知识要点:

VC 的安装。

使用 Visual C++ 6.0 必须运行 windows95 以上或 windows NT4.0 以上的版本(其他配置要求见 Visual C++6.0 文档)。安装的方式有很多,可以硬盘安装也可以光盘安装,二者区别不大,现以光盘安装为例说明,安装步骤如下(整个安装的过程按提示进行,在没有特别说明的情况下,按确认按钮即可。如果在安装的过程中出现提示 java 虚拟机版本不够的情况,按照提示升级虚拟机版本,重启后会自动安装):

(1)启动光盘,出现如图 11-1 所示界面时表示安装程序启动。

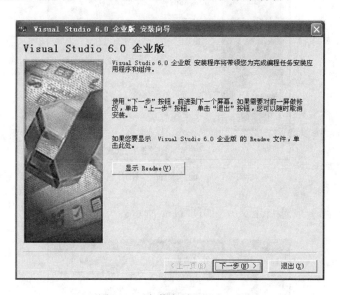

图 11-1 安装向导(Readme)

(2)接受用户协议。如图 11-2 所示。

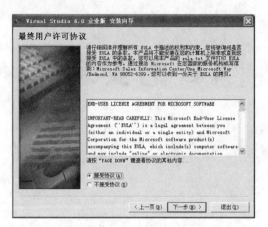

图 11-2　许可协议

（3）输入产品号和用户 ID。如图 11-3 所示。

图 11-3　输入产品号和用户 ID

（4）安装选择（一般选自定义）。如图 11-4 所示。

图 11-4　安装选项

（5）选择安装的路径。如图 11-5 所示。可以在编辑框中修改，也可以通过"浏览"按钮来定位自己准备安装的位置。

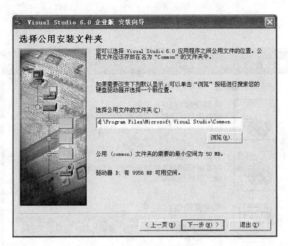

图 11-5　选择安装路径

（6）选择安装的组件。如图 11-6 所示。（在复选框中选择自己所要的组件，也可以在右边点击全部选中按钮，在我们的课程中只选 Microsoft Visual C++ 6.0 即可）

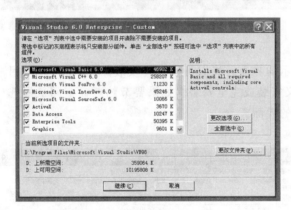

图 11-6　选择安装组件

（7）注册环境变量。如图 11-7 所示。一般选择选中此选项。

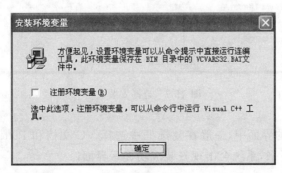

图 11-7　注册环境变量

按提示操作完毕后会显示安装成功的界面。在安装成功后系统会提示你是否安装MSDN库文件（一共有两张光盘），插入第一张光盘后按提示操作直到出现图11-8所示的界面。

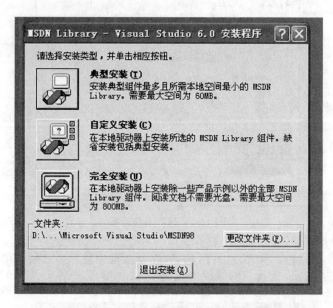

图 11-8　安装 MSDN

出现图 11-8 所示的界面后我们可以选择安装路径（也可以采用默认路径），另外，安装内容一般选自定义安装或完全安装。如果要节约磁盘空间最好选自定义安装，选中后会出现图 11-9 所示的界面。

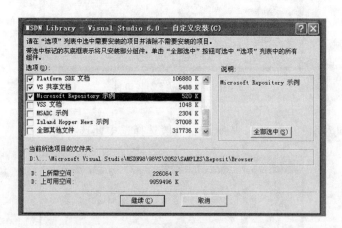

图 11-9　选择安装文档

在图 11-9 所示的界面中，一般在复选框中选择 VC 文档和 Platform SDK 文档。最后按提示一路操作下来，系统会出现安装成功提示界面。

第 12 章 VC 界面简介

本章知识要点:

1. VC 的主要界面;
2. VC 联机帮助。

VC 是一个强大的集成开发环境,本课程只用到它的一部分功能,所以在此只介绍一些常用的菜单。

VC 界面如图 12-1 所示。从中可以看到 VC 的常用菜单。

图 12-1 VC 界面

1.文件(File)

该菜单的主要功能如下:

(1)打开、关闭、创建和保存工作区(workspace);

(2)保存、关闭和创建文件;

(3)创建新的工程(projects);

(4)查看最近使用过的文件和工作区;

(5)退出 VC。

2.编辑(Edit)

该菜单的主要功能如下:

(1)撤销和恢复;

(2)复制、剪切、删除和粘贴;

(3)查找和替换;

(4)设置断点;

(5)定位及其他。

3.查看(View)

该菜单的主要功能如下：

(1)控制编辑区域的全屏显示；

(2)控制工作区和输出区的显示；

(3)调试的时候控制调试窗口。

4.工程(Project)

该菜单的主要功能如下：

(1)设置活动工程；

(2)添加工程；

(3)插入工程到工作区；

(4)设置工程的信息。

5.编译(Build)

该菜单的主要功能是：

(1)编译(compile)；

(2)链接(link)；

(3)调试(debug)；

(4)执行(execute)。

6.窗口(Windows)

该菜单的主要功能是改变窗口的样式和在不同窗口切换。

7.帮助(Help)

Visual C++ 6.0 的帮助是以 MSDN Library 的方式提供的，如果不安装 MSDN Library就等于没有帮助可以提供。MSDN 包括 Visual C++ 的帮助文件和许多与开发相关的技术文献,学习 Visual C++ 编程经常要搜索一下 MSDN Library。MSDN Library 每个季度更新一次,可以向微软订阅更新光盘。MSDN 是 Microsoft Software Developer Network 的简称。这是微软公司针对开发者的开发计划。在查看程序时遇到不太了解的函数,只要把光标停留在它上面,再按 F1 就会弹出该函数的有关信息。如果在编译时出现错误,把光标停留在错误的提示上面,再按 F1 就会弹出该错误的详细信息。

以下特别介绍一下上述的第 4 个菜单"工程(project)"。

当打开或新建一个包含至少一个工程的 Workspace 后,Visual C++的 Project 菜单中的"Settings…"命令就变为有效,选择它或者按下热键 Alt＋F7 后,便可调出工程设置对话框,这里面的选项将影响整个工程的建立和调试过程。

在这个对话框中,左上方的下拉列表框用于选择一种工程配置,包括 Win32 Debug、Win32 Release 和 All Configurations(把前两种配置一起),某些选项在不同的工程配置中有不同的缺省值。左边的树形视图给出了当前工程所有的文件及分类情况。下面我们就以 Win32 Debug 为例,来看看与工程有关的四个主要选项卡各自的功能和含义(一共有 10 个选项卡)：

1. General 选项卡

这个选项卡比较简单,从上到下的第一个选项用于更改使用 MFC 类库的方式:DLL 方式或是静态链接。我们可以在两种方式之间进行切换。第二个选项用于指定在编译链接过程中生成的中间文件和输出文件的存放目录,对于调试版本来说,缺省的目录是工程下面的"Debug"子目录。第三个选项用于指定是否允许每种工程配置都有自己的文件依赖关系(主要指头文件),由于绝大多数工程的调试版本和发布版本都具有相同的文件依赖关系,所以通常不需要更改该选项。

2. Debug 选项卡

Debug 选项卡中有一些与调试有关的选项,由于选项比较多,它们被分成了几类,我们可以从 Category 中选择不同的类别,选项卡会切换显示出相应的选项。在 General 类别中,可以指定要调试的可执行文件名。另外三个选项可以指定用于调试的工作目录,开始调试时给程序传送的命令行参数,以及进行远程调试时可执行文件的路径。

3. C/C++ 选项卡

C/C++ 选项卡控制着 Visual C++ 的编译器,其中的选项比较多。下面有一个 Project Options 编辑框,里面列出的各种命令开关将会在开始编译时作为命令行参数传送给 Visual C++ 的编译器。这些命令开关会随其他选项改变而改变。

在 General 类别中,Warning level 用于指定编译器显示警告的级别,如果选中了 Warnings as errors,那么显示的每一个警告都将会引起一个错误,这样在编译完毕后就无法启动链接器来进行链接。

Optimizations 用于设置代码优化方式,优化的目的主要有提高运行速度和减小程序体积两种,但有时候这两种目的是相互矛盾的。另外,在极少数情况下,不进行优化,程序能正常运行,打开了优化措施之后,程序却会出现一些莫名其妙的问题。其实这多半是由于程序中有潜在的错误,关闭优化措施往往只是暂时解决问题。

Debug info 用于指定编译器产生的调试信息的类型,为了使用 Visual C++ 的即编即调功能,必须在这里选择生成"Program Database for Edit and Continue"类型的调试信息。Preprocessor definitions 是一些预先定义的宏名。

C++ Language 类别中的选项涉及到了 C++ 语言的一些高级特性,包括成员指针的表示方式、异常处理、运行时类型信息,一般情况下都不用更改它们。

Code Generation 类别中的选项涉及如何生成目标代码,一般情况下只要保持缺省值即可。

在 Customize 类别中,从上到下六个选项的含义分别为:是否禁止使用 Microsoft 对 C++ 的扩展;是否允许函数级别的链接;是否消除重复的字符串;是否允许进行最小化的重建;是否允许递增编译方式;是否允许编译器在开始运行时向 Output 窗口中输出自己的版本信息。

在 Listing Files 类别中,我们可以指定编译器生成浏览信息和列表文件(Listing file),前者可由浏览信息维护工具 BSCMAKE 生成浏览信息文件,后者则包含了 C/C++ 源文件经过编译后对应的汇编指令。Optimizations 类别允许我们对优化措施进行更细微的控制,选择 Customize 后,便可以选择进行哪几项优化,在 Inline function expansion

中我们可以指定对内联函数扩展的方式。Precompiled Headers 类别中有关于预编译头文件的一些选项,一般情况下都不用更改。Preprocessor 类别中有关于预处理的一些选择。

4.Link 选项卡

Link 选项卡控制着 Visual C++的链接器。在 General 类别中,可以指定输出的文件名,以及一些在链接过程中需要使用的额外的库文件或目标文件,下边五个选项的含义分别为:生成调试信息;忽略所有缺省的库文件;允许递增链接方式(这种方式可以加快链接的速度);生成 MAP 文件;允许进行性能分析。在 Customize 中选中 Use program database 允许使用程序数据库。在 Debug 类别中,我们可以指定调试信息的类别是 Microsoft 的格式,还是 COFF 格式,或者两种都有。选中 Separate types 后链接器会把调试信息分开放在 PDB 文件中,这样链接起来会更快一些,但调试时速度却会慢一些。Input 类别中有一些与输入库文件有关的选项,我们可以在这里指定使用或不使用某些库文件或目标文件。Output 类别中则有一些与最终输出的可执行文件有关的选项,一般情况下都不用更改。

第13章　VC环境下C程序的调试

本章知识要点：

　　VC下C程序的调试。

　　调试是一个程序员最基本的技能,其重要性甚至超过学习一门语言。不会调试的程序员就意味着他会一门语言,却不能编制出任何高质量的软件。

　　1.调试工具

　　(1)调试窗口

　　①观察窗口(Watch)

　　调试程序时,可以使用观察窗口监视变量和表达式。

　　②快速查看窗口(Quick watch)

　　功能和观察窗口差不多。

　　③变量窗口(Variables)

　　变量窗口有三个标签:Auto标签显示了当前语句和前一条语句用到的变量,Locals标签显示当前函数的局部变量,This标签显示了this指针执行的对象。

　　④寄存器窗口(Register)

　　可以监视CPU的寄存器、标志值以及浮点堆栈。

　　⑤内存窗口(Memory)

　　可显示从一特定地址开始的虚拟内存。Address框允许程序员指定从哪个虚拟内存地址开始显示。

　　⑥调用栈窗口(Call stack)

　　可以显示引起当前源代码语句执行的一系列函数调用,当前函数在堆栈的顶端。

　　⑦反汇编窗口(Disassembly)

　　可以查看编译器生成的对应于源代码的汇编指令。

　　(2)调试符号

　　程序数据库文件(.pdb)包含了Visual C++调试器所需的调试信息和程序信息。调试信息包含了变量的名字和类型、函数原型、源代码行号、类和结构的布局、FPO调试信息(重建堆栈帧)以及进行增量链接所需的信息。

(3)使用断点

断点(BreakPoint)是运行时向调试器描述环境,并让调试器设置好程序状态的一种机制。如果没有断点,只能在程序里一步一步跟踪使用调试器。在 Visual C++中,你可以设置三种类型的断点:代码定位断点、数据断点和消息断点。

2.设置

为了调试一个程序,首先必须使程序中包含调试信息。一般情况下,为了增加调试信息,可以按照下述步骤进行:

(1)打开 Project settings 对话框(可以通过快捷键 ALT+F7 打开,也可以通过 IDE 菜单 Project/Settings 打开);

(2)选择 C/C++页,Category 中选择 general,则出现一个 Debug Info 下拉列表框,可供选择的调试信息方式如表 13-1 所示。

表 13-1　　　　　　　　调试信息选项说明

命令行	Project settings	说　明
无	None	没有调试信息
/Zd	Line Numbers Only	目标文件或者可执行文件中只包含全局和导出符号以及代码行信息,不包含符号调试信息
/Z7	C7.0-Compatible	目标文件或者可执行文件中包含行号和所有符号调试信息,包括变量名及类型,函数及原型等
/Zi	Program Database	创建一个程序库(PDB),包括类型信息和符号调试信息
/ZI	Program Database for Edit and Continue	除了前面/Zi 的功能外,这个选项允许对代码进行调试过程中的修改和继续执行。这个选项同时使♯pragma 设置的优化功能无效

(3)选择 Link 页,选中复选框"Generate Debug Info",这个选项将使链接器把调试信息写进可执行文件和 DLL;如果 C/C++页中设置了 Program Database 以上的选项,则 Link incrementally 可以选择。选中这个选项,将使程序可以在上一次编译的基础上被编译(即增量编译),而不必每次都从头开始编译。

3.断点

断点是调试器设置的一个代码位置。当程序运行到断点时,程序中断执行,回到调试器。设置断点调试是最常用的技巧。调试时,只有设置了断点并使程序回到调试器,才能对程序进行在线调试。

(1)设置断点:可以通过下述方法设置一个断点。首先把光标移动到需要设置断点的代码行上,然后:

①按 F9 快捷键；

②弹出 Breakpoints 对话框,方法是按快捷键 CTRL＋B 或 ALT＋F9,或者通过菜单 Edit/Breakpoints 打开。打开后点击 Break at 编辑框的右侧的箭头,选择合适的位置信息。一般情况下,直接选择 line xxx 就足够了,如果想设置不是当前位置的断点,可以选择 Advanced,然后填写函数、行号和可执行文件信息。

(2)去掉断点:把光标移动到给定断点所在的行,再次按 F9 就可以取消断点。同前面所述,打开 Breakpoints 对话框后,也可以按照界面提示去掉断点。

(3)条件断点:可以为断点设置一个条件,这样的断点称为条件断点。对于新加的断点,可以单击 Conditions 按钮,为断点设置一个表达式。当这个表达式发生改变时,程序就被中断;接下来的设置包括“观察数组或者结构的元素个数”;最后一个设置可以使程序先执行多少次然后才到达断点。

(4)数据断点:数据断点只能在 Breakpoints 对话框中设置。选择“Data”页,就显示了设置数据断点的对话框。在编辑框中输入一个表达式,当这个表达式的值发生变化时,数据断点就到达此处。一般情况下,这个表达式应该由运算符和全局变量构成,例如:在编辑框中输入 Flag 这个全局变量的名字,那么当程序中有 Flag＝!Flag 时,程序就将停在这个语句处。

(5)消息断点:VC 也支持对 Windows 消息进行截获。它有两种方式进行截获:窗口消息处理函数和特定消息中断。在 Breakpoints 对话框中选择 Messages 页,就可以设置消息断点。如果在上面那个对话框中写入消息处理函数的名字,那么当消息被这个函数处理时,断点就到达此处。如果在下面的下拉列表框选择一个消息,则每次这个消息到达时,程序就中断。

4.查看数值

(1)Watch

VC 支持查看变量、表达式和内存的值。所有这些观察都必须是在断点中断的情况下进行。观看变量的值最简单,当断点到达时,把光标移动到这个变量上,停留一会儿就可以看到变量的值。VC 提供一种被称为 Watch 的机制来观看变量和表达式的值。在断点状态下,在变量上单击右键,选择 Quick Watch,就弹出一个对话框,显示这个变量的值。单击 Debug 工具条上的 Watch 按钮,会出现一个 Watch 视图(Watch1,Watch2,Watch3,Watch4),在该视图中输入变量或者表达式,就可以观察变量或者表达式的值。注意:这个表达式不能有副作用,例如,＋＋运算符不能用于这个表达式中,因为这个运算符将修改变量的值,导致软件的逻辑被破坏。

(2)Memory

由于指针指向数组,Watch 只能显示第一个元素的值。为了显示数组的后续内容,或者要显示一片内存的内容,可以使用 memory 功能。在 Debug 工具条上点 memory 按钮,就弹出一个对话框,在其中输入地址,就可以显示该地址指向的内存的内容。

(3)Varibles

按下 Debug 工具条上的 Varibles 按钮会弹出一个框,显示所有当前执行上下文中可见的变量的值。特别是当前指令涉及的变量,以红色显示。

（4）寄存器

按下 Debug 工具条上的 Reigsters 按钮会弹出一个框,显示当前的所有寄存器的值。

5. 进程控制

VC 允许被中断的程序继续运行、单步运行和运行到指定光标处,分别对应快捷键
F5、F10/F11 和 CTRL＋F10。各个快捷键功能如表 13-2 所示。

表 13-2 进程控制快捷键说明

快捷键	说　　明
F5	继续运行
F10	单步,如果涉及到子函数,不进入子函数内部
F11	单步,如果涉及到子函数,进入子函数内部
CTRL＋F10	运行到当前光标处

6. 调用堆栈(Call Stack)

调用堆栈反映了当前断点处函数是被哪些函数按照什么顺序调用的。单击 Debug
工具条上的 Call stack 会显示 Call Stack 对话框。在 CallStack 对话框中显示了一个调用
系列,最上面的是当前函数,往下依次是调用函数的上级函数。单击这些函数名可以跳到
对应的函数中去。

7. 一般错误排除的基本方法

通过 VC 编译链接生成目标代码或可执行文件的过程中,如果程序中有错误或配置
有错误,就会在输出区显示错误的提示。由于 VC 的错误提示很多,很难将其一一列出。
另外,所有的错误提示信息在 MSDN 中都有详细的说明,因此在排错的时候只需要知道
如何利用好 MSDN 就行,下面通过一个示例来说明如何排错。

假设通过 VC 创建一个工作区 test,放在 d:\vc 目录下,然后在工作区 test 中创建一
个名称为 test3 的工程,最后在 test3 工程中添加一个 test3.cpp 源代码文件,源代码
如下:

```
#include <stdio.h>
main(){
    int i=4,j=5;
    ave=(i+j)/2.0

    printf("ave=%f\n",ave);
}
```

经编译后出错,错误的提示信息在输出区中显示如下:

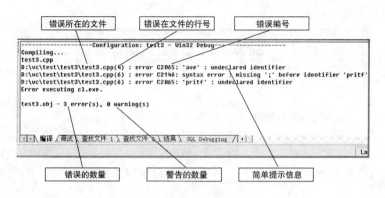

图 13-1　输出窗口

如果需要了解错误的详细信息，可以将光标停留在错误提示处，然后按 F1 就会弹出该错误的详细提示。比如我们现在将光标停留在第一个错误上，按 F1 就会弹出如图 13-2 所示的窗口。

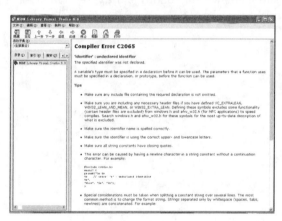

图 13-2　错误详细说明

在该窗口中可以查看错误的详细情况。根据这些信息就会发现引起错误的原因是变量 ave 没有定义，源代码改正如下：

```
#include <stdio.h>
main(){
    int i = 4,j = 5;
    float ave;
    ave = (i + j)/2.0
    printf("ave = % f\n",ave);
}
```

重新编译后错误提示如图 13-3 所示。

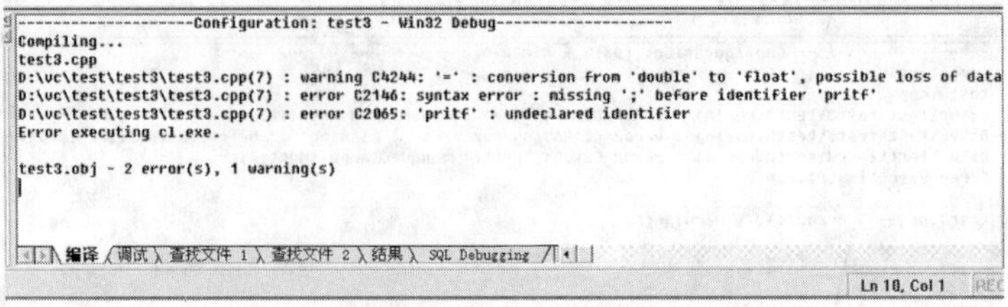
--------------------Configuration: test3 - Win32 Debug--------------------
Compiling...
test3.cpp
D:\vc\test\test3\test3.cpp(7) : warning C4244: '=' : conversion from 'double' to 'float', possible loss of data
D:\vc\test\test3\test3.cpp(7) : error C2146: syntax error : missing ';' before identifier 'pritf'
D:\vc\test\test3\test3.cpp(7) : error C2065: 'pritf' : undeclared identifier
Error executing cl.exe.
test3.obj - 2 error(s), 1 warning(s)
编译
调试
查找文件 1
查找文件 2
结果
SQL Debugging
Ln 10, Col 1

图 13-3　输出窗口

可以看出错误是减少了，但多了一个警告(警告可以忽略)。如此一步步地改下去，直到没有错误。

对初学者来说，编译一个程序时错误的提示可能比程序本身都长。其实不用害怕，从熟悉的开始一个个排除，有时候可能是一个地方有错而引起很多错误提示。

另外，也可以使用最高的编译警告级别/W4 来提高查错能力，比如，像 if(x=2)这样的语句，默认的警告级别为/W3 时不显示任何信息，但改成最高警告级别/W4 时则会出现“waning C4706:assignment within conditional expression”的警告。

附录

VC 项目文件说明

.opt	是工程关于开发环境的参数文件。如工具条位置等信息
.aps	（AppStudio File）是资源辅助文件，二进制格式，一般不用去管他
.clw	ClassWizard 是信息文件，实际上是 INI 文件的格式，有兴趣可以研究一下。有时候 ClassWizard 出问题，手工修改 CLW 文件可以解决。如果此文件不存在的话，每次用 ClassWizard 的时候绘提示你是否重建
.dsp	（DeveloperStudio Project）是项目文件，文本格式，不过不熟悉的话不要手工修改。DSW（DeveloperStudio Workspace）是工作区文件，其他特点和 DSP 差不多
.plg	是编译信息文件，编译时的 error 和 warning 信息文件（实际上是一个 html 文件），一般用处不大。在 Tools->Options 里面有个选项可以控制这个文件的生成
.hpj	（Help Project）是生成帮助文件的工程，用 microsfot Help Compiler 可以处理
.mdp	（Microsoft DevStudio Project）是旧版本的项目文件，如果要打开此文件的话，会提示你是否转换成新的 DSP 格式
.bsc	是用于浏览项目信息的，如果用 Source Brower 的话就必须有这个文件。如果不用这个功能的话，可以在 Project Options 里面去掉 Generate Browse Info File，可以加快编译速度
.map	是执行文件的映像信息纪录文件，除非对系统底层非常熟悉，这个文件一般用不着
.pch	（Pre-Compiled File）是预编译文件，可以加快编译速度，但是文件非常大
.pdb	（Program Database）记录了程序有关的一些数据和调试信息，在调试的时候可能有用
.exp	只有在编译 DLL 的时候才会生成，记录了 DLL 文件中的一些信息。一般也没什么用
.ncb	（no compile browser）是无编译浏览文件，当自动完成功能出问题时可以删除此文件，build 后会自动生成